本試験型

数学検定 5級 試験問題集

成美堂出版

本書の使い方

　本書は，数学検定5級でよく問われる問題を中心にまとめた予想模試です。本番の検定を想定し，計5回分の模試を収録していますので，たっぷり解くことができます。解答や重要なポイントは赤字で示していますので，付属の赤シートを上手に活用しましょう。

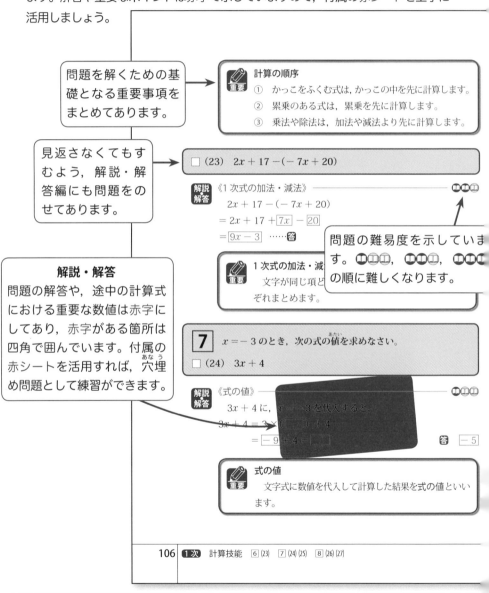

問題を解くための基礎となる重要事項をまとめてあります。

計算の順序

重要

① かっこをふくむ式は，かっこの中を先に計算します。
② 累乗のある式は，累乗を先に計算します。
③ 乗法や除法は，加法や減法より先に計算します。

見返さなくてもすむよう，解説・解答編にも問題をのせてあります。

□ (23)　$2x + 17 - (- 7x + 20)$

解説・解答

《1次式の加法・減法》

$2x + 17 - (- 7x + 20)$
$= 2x + 17 + \boxed{7x} - \boxed{20}$
$= \boxed{9x - 3}$ ……答

問題の難易度を示しています。◯◯◯，◯◯◯，◯◯◯の順に難しくなります。

1次式の加法・減法

重要

文字が同じ項ど
ぞれまとめます。

解説・解答

問題の解答や，途中の計算式における重要な数値は赤字にしてあり，赤字がある箇所は四角で囲んでいます。付属の赤シートを活用すれば，穴埋め問題として練習ができます。

7 $x = -3$ のとき，次の式の値を求めなさい。

□ (24)　$3x + 4$

解説・解答

《式の値》

$3x + 4$ に，$x = -3$ を代入すると，
$3x + 4 = 3 \times (\boxed{}) + 4)$
$= \boxed{-9} + 4 = \boxed{}$

答　$\boxed{-5}$

式の値

重要

　文字式に数値を代入して計算した結果を式の値といいます。

解答用紙と解答一覧

巻末には，各回の解答が一目でわかる解答一覧と，実際の試験のものと同じ形式を再現した解答用紙をつけています。標準解答時間を目安に時間を計りながら，実際に検定を受けるつもりで解いてみましょう。

第1回 1次 計算技能

標準解答時間 50分

解答用紙　解説・解答▶ p.66 〜 p.80　解答一覧▶ p.200

1	(1)			(16)	
	(2)		**4**	(17)	：
	(3)			(18)	：
	(4)		**5**	(19)	
	(5)			(20)	

解答一覧
くわしい解説は，「解説・解答」をごらんください。

第1回　1次

1			4	
(1) 105	(2) 6.21		(17) 1：4	(18) 1：12
(3) 0.35	(4) $\frac{11}{24}$		**5**	
(5) $\frac{5}{6}$	(6) $\frac{11}{18}$		(19) 69	(20) 182
(7) $\frac{8}{17}$	(8) $\frac{8}{5}\left(1\frac{3}{5}\right)$		**6**	
(9) 14	(10) $\frac{3}{2}\left(1\frac{1}{2}\right)$		(21) -11	(22) -12
(11) $\frac{5}{8}$	(12) $\frac{2}{3}$		$-x+3$	
2			**7**	
(13) 27	(14) 24		(24) 10	(25) 36
3			(26) $x=-10$	(27) $x=15$
(15) 36	(16) 50		**9**	
			(28) xy cm³	(29) $y=3x$
			(30) $y=\frac{10}{3}$	

第1回　2次

1	
(1) $3(x+3)=2\left(\frac{5}{3}x-3\right)$	A地を希望する生徒の数は45人で，
(2) (1) の方程式を解きます。	B地を希望する生徒の数は，
$3x+9=\frac{10}{3}x-6$	$\frac{5}{3}x=\frac{5}{3}\times45=75$
両辺を3倍すると，	よって，この中学校の3年生の
$9x+27=10x-18$	生徒数は，$45+75=120$
$x=45$	**答** 120人

200　解答一覧

□ (25)　x^2+x+1

解説・解答　《式の値》

x^2+x+1 に，$x=-3$ を代入すると，

$x^2+x+1=(\boxed{-3})^2+(-3)+1$

ポイント　$=\boxed{9}-3+1=\boxed{7}$

負の数はかっこをつけて代入します。

問題を解くときのポイントやヒントを指しています。

8 次の方程式を

□ (26)　$14x-5$

解説・解答　《1次方程式》

$14x-5=-6x+55$

-5，$\boxed{-6x}$ を移項すると，

$14x+\boxed{6x}=55+\boxed{5}$

$\boxed{20x}=\boxed{60}$

$x=\boxed{3}$

答　$x=\boxed{3}$

□ (27　計算の手順をくわしく解説しています。

解説・解答　《　　　》

$\dfrac{2x-5}{3}=\dfrac{3x-1}{6}$

両辺を $\boxed{6}$ 倍すると，

$\boxed{2}(2x-5)=3x-1$

$\boxed{4x}-\boxed{10}=3x-1$

-10，$\boxed{3x}$ を移項すると，

$4x-\boxed{3x}=-1+\boxed{10}$

$x=\boxed{9}$

答

x の係数を整数になおします。

小宮山先生からの一言アドバイス
ミスしやすいところ，計算のコツ，試験対策のヒントなどを，小宮山先生がアドバイスします。

問題◀ p.27 〜 p.28　107

3

目　次

数学検定 5 級の内容·················5　　　5 級の出題のポイント ·················8

問　題

第 1 回　1 次　＜計算技能＞ ··· 15

　　　　　2 次　＜数理技能＞ ··· 19

第 2 回　1 次　＜計算技能＞ ··· 25

　　　　　2 次　＜数理技能＞ ··· 29

第 3 回　1 次　＜計算技能＞ ··· 35

　　　　　2 次　＜数理技能＞ ··· 39

第 4 回　1 次　＜計算技能＞ ··· 45

　　　　　2 次　＜数理技能＞ ··· 49

第 5 回　1 次　＜計算技能＞ ··· 55

　　　　　2 次　＜数理技能＞ ··· 59

解説・解答

第 1 回　1 次　＜計算技能＞ ··· 66

　　　　　2 次　＜数理技能＞ ··· 81

第 2 回　1 次　＜計算技能＞ ··· 96

　　　　　2 次　＜数理技能＞ ··· 110

第 3 回　1 次　＜計算技能＞ ··· 123

　　　　　2 次　＜数理技能＞ ··· 137

第 4 回　1 次　＜計算技能＞ ··· 148

　　　　　2 次　＜数理技能＞ ··· 162

第 5 回　1 次　＜計算技能＞ ··· 174

　　　　　2 次　＜数理技能＞ ··· 188

解答一覧 ····················· 200　　　解答用紙 ····················· 206

数学検定5級の内容

数学検定5級の検定内容

●学習範囲と検定内容

　実用数学技能検定は，公益財団法人日本数学検定協会が実施している検定試験です。

　1級から11級までと，準1級，準2級をあわせて，13階級あります。そのなかで，1級から5級までは「数学検定」，6級から11級までは「算数検定」と呼ばれています。

5級の検定内容

Gグループ	正の数・負の数を含む四則混合計算，文字を用いた式，1次式の加法・減法，1元1次方程式，基本的な作図，平行移動，対称移動，回転移動，空間における直線や平面の位置関係，扇形の弧の長さと面積，空間図形の構成，空間図形の投影・展開，柱体・錐体および球の表面積と体積，直角座標，負の数を含む比例・反比例，度数分布とヒストグラム　など
Hグループ	分数を含む四則混合計算，円の面積，円柱・角柱の体積，縮図・拡大図，対称性などの理解，基本的単位の理解，比の理解，比例や反比例の理解，資料の整理，簡単な文字と式，簡単な測定や計量の理解　など
Iグループ	整数や小数の四則混合計算，約数・倍数，分数の加減，三角形・四角形の面積，三角形・四角形の内角の和，立方体・直方体の体積，平均，単位量あたりの大きさ，多角形，図形の合同，円周の長さ，角柱・円柱，簡単な比例，基本的なグラフの表現，割合や百分率の理解　など

検定内容は，A グループから M グループまであり，5 級はそのなかの G グループ，H グループ，I グループからそれぞれ 30％ずつ，特有問題から 10％程度出題されることになっています。

また，5 級の出題内容のレベルは【中学校 1 年程度】とされています。

● 1 次検定と 2 次検定

数学検定は各階級とも，1 次（計算技能検定）と 2 次（数理技能検定）の 2 つの検定があります。

1 次（計算技能検定）は，主に計算技能をみる検定で，解答用紙には答えだけを記入することになっています。

2 次（数理技能検定）は，主に数理応用技能をみる検定で，解答用紙には答えだけでなく，計算の途中の式や単位，図を記入することもあります。このような問題では，たとえ最終的な答えがあっていなくても，途中経過が正しければ部分点をもらえることがあります。逆に，途中経過を何も書かないで答えのみを書いたり，単位をつけなかったりした場合には，減点となることがあります。

なお，2 次検定では電卓を使うことができます。

●検定時間と問題数

5 級の検定時間と問題数，合格基準は次のとおりです。

	検定時間	問題数	合格基準
1 次（計算技能検定）	50 分	30 問	全問題の 70％程度
2 次（数理技能検定）	60 分	20 問	全問題の 60％程度

＊配点は公表されていませんが，合格基準より判断すると，1 次（問題数 30 問の場合）の合格基準点は 21 問，2 次（問題数 20 問の場合）の合格基準点は 12 問となります。

数学検定 5 級の受検方法

●受検方法

　数学検定は，個人受検，団体受検，提携会場受検のいずれかの方法で受検します。申し込み方法は，個人受検の場合，インターネット，郵送，コンビニ等があります。団体受検の場合，学校や塾などを通じて申し込みます。提携会場受検の場合は，インターネットによる申し込みとなります。

●受検資格

　原則として受検資格は問われません。

●検定の免除

　1 次（計算技能検定）または 2 次（数理技能検定）にのみ合格している方は，同じ階級の 2 次または 1 次検定が免除されます。申し込み時に，該当の合格証番号が必要です。

●合否の確認

　検定日の約 3 週間後に，ホームページにて合否を確認することができます。検定日から約 30 ～ 40 日後を目安に，検定結果が郵送されます。

　受検方法など試験に関する情報は変更になる場合がありますので，事前に必ずご自身で試験実施団体などが発表する最新情報をご確認ください。

公益財団法人 日本数学検定協会

　ホームページ：https://www.su-gaku.net/

　〒 110-0005　東京都台東区上野 5-1-1　文昌堂ビル 6 階

　＜個人受検の問合せ先＞ TEL：03-5812-8349

　＜団体受検・提携会場受検の問合せ先＞ TEL：03-5812-8341

5級の出題のポイント

　5級の出題範囲の中で，ポイントとなる項目についてまとめました。問題に取り組む前や疑問が出たときなどに，内容を確認しましょう。なお，答えが分数になる場合には，もっとも簡単な分数に約分しておきましょう。

1次検定・2次検定共通のポイント

正負の数の計算

　四則計算（たし算，ひき算，かけ算，わり算），カッコや累乗を含む正負の数の計算問題では，計算の順序（カッコ内の計算→累乗→かけ算・わり算→たし算・ひき算）の順で計算することに注意しましょう。

Point

(1) 正負の数の加法・減法

① $a + (+ b) = a + b$

② $a + (- b) = a - b$

③ $a - (+ b) = a - b$

④ $a - (- b) = a + b$

(2) 分数の計算

① $\dfrac{b}{a} \times \dfrac{d}{c} = \dfrac{b \times d}{a \times c}$

② $\dfrac{b}{a} \div \dfrac{d}{c} = \dfrac{b}{a} \times \dfrac{c}{d} = \dfrac{b \times c}{a \times d}$

(3) 累乗の計算

① $- a^2 = - (a \times a)$

② $- a^3 = - (a \times a \times a)$

③ $(- a)^2 = (- a) \times (- a) = a^2$

④ $(- a)^3 = (- a) \times (- a) \times (- a) = - a^3$

【例題】 $-14-(-5)$

 《正負の数の加法・減法》
$$-14-(-5)$$
$$=-14+\boxed{5}$$ 項を並べた式で表します。
$$=\boxed{-9} \cdots\cdots$答$$

文字式の計算

　方程式や文章題を解くためには，文字式の計算を速く，正確に行うことが大切です。分配法則を用いて式を展開し，同類項をまとめる手順を身につけましょう。

Point

分配法則と同類項の計算

① $a(b+c)=ab+ac$

② $(a+b)(c+d)=ac+ad+bc+bd$ （分配法則）

③ $a+(b+c)=a+b+c$

④ $a+(b-c)=a+b-c$

⑤ $a-(b+c)=a-b-c$

⑥ $a-(b-c)=a-b+c$

⑦ $ax+b+cx+d=(a+c)x+b+d$

【例題】 $4(x-2)-(6x-1)$

 《分配法則と同類項の計算》
$$4(x-2)-(6x-1)=4x-\boxed{8}-\boxed{6x}+\boxed{1}$$
$$=\boxed{-2x-7} \cdots\cdots$答$$

方程式

　5級で出題される方程式は1元1次方程式です。問題では，小数や分数が混ざったものなども出題されます。2次検定での応用問題を考えるときにも重要になりますので，繰り返し練習しましょう。

Point

(1) 等式の性質

① $\Box + a = b$　$\Box = b - a$,　$a + \Box = b$　$\Box = b - a$

② $\Box - a = b$　$\Box = b + a$,　$a - \Box = b$　$\Box = a - b$

③ $\Box \times a = b$　$\Box = b \div a$,　$a \times \Box = b$　$\Box = b \div a$

④ $\Box \div a = b$　$\Box = b \times a$,　$a \div \Box = b$　$\Box = a \div b$

(2) 移項

① $ax + b = c$　　　　　$ax = c - b$

② $ax - b = c$　　　　　$ax = c + b$

③ $ax = bx + c$　　　　$ax - bx = c$

④ $ax = -bx + c$　　　$ax + bx = c$

(3) 1次方程式の解き方

$$\text{式の変形} \quad \rightarrow \quad ax = b \text{の形にする} \quad \rightarrow \quad x = \frac{b}{a} \ (a \neq 0)$$

　小数をふくむ場合は両辺を10倍，100倍，……して係数を整数にし，分数を含む場合は分母の最小公倍数を両辺にかけて，係数を整数にします。

【例題】 $17x - 6 = x + 26$

 《1次方程式の解き方》

$$17x - 6 = x + 26$$

$-6, \boxed{x}$ を移項すると，

$$17x - \boxed{x} = 26 + \boxed{6}$$
$$\boxed{16x} = \boxed{32}$$
$$x = \boxed{2}$$

答 $\boxed{x = 2}$

比の問題 ●

5級で出題される比の問題は，整数比を求める問題や，（外項の積）＝（内項の積）を使う問題が主に出題されます。計算ミスをしないように注意しましょう。

Point

比の性質

① $a : b = c : d$ のとき

$$ad = bc \quad （外項の積）＝（内項の積）$$

② $a : b = (a \times k) : (b \times k)$

$$= (a \div k') : (b \div k') \quad (k \neq 0, \ k' \neq 0)$$

③ 比の値

$a : b$ のとき，

$$比の値＝（前項）\div（後項）$$
$$= a \div b$$
$$= \frac{a}{b}$$

【例題】 次の式の□にあてはまる数を求めなさい。

$4 : 7 = 72 : \square$

 《比の性質》

$$4 : 7 = 72 : \square$$

$$4 \times \square = \boxed{7} \times \boxed{72}$$
$$\square = \boxed{7} \times \boxed{72} \div \boxed{4}$$
$$\square = \boxed{126}$$

 $\boxed{126}$

比例・反比例

> x と y が比例の関係にあるときは $y = ax$，x と y が反比例の関係に
> あるときは $y = \dfrac{a}{x}$ と表せます。a を比例定数といい，a は，x と y にあ
> る 1 組の値を代入して求めることができます。
>
> 　問題を解くときには，座標平面上に比例・反比例のグラフをかいて，
> それぞれの形を確かめましょう。

Point

比例・反比例のグラフ

① 比例 $y = ax$（$a \neq 0$）（グラフは原点を通る直線）

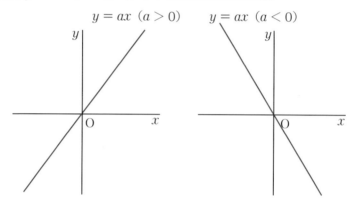

② 反比例 $y = \dfrac{a}{x}$（$a \neq 0$）（グラフは双曲線）

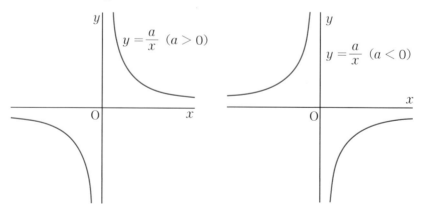

【例題】y は x に比例し，$x = -5$ のとき $y = 10$ です。y を x の式で表しなさい。

《比例》

y が x に比例するから，求める式は $y = ax$（a は比例定数）と表すことができます。

$x = -5$ のとき $y = 10$ ですから，

$$\boxed{10} = a \times (\boxed{-5})$$

したがって，　　　　　$a = \boxed{-2}$

比例の式は，　　　　　$y = \boxed{-2x}$　　　　　答 $\boxed{y = -2x}$

1次検定のポイント

　1次検定では，下記のように，ほぼ毎回同様のタイプの問題が多く出題されています。これらはどれも基本的な内容ですから，確実に得点できるようにしっかり学習しておきましょう。

　分数の計算問題では，途中で約分できるときは約分します。答えが真分数でない場合は，仮分数と帯分数のどちらで答えても正解です。最大公約数の問題では，2つ，または3つの最大公約数を求める問題が出ます。合わせて，最小公倍数の求め方も練習しておきましょう。比や割合の問題も十分に練習を積んでおきましょう。

① （12問）小数や分数の四則計算
② （2問）最大公約数を求める問題
③ （2問）最小公倍数を求める問題
④ （2問）比を簡単にする問題
⑤ （2問）等しい比の穴うめ問題
⑥ （3問）正負の計算，1次式の計算
⑦ （2問）式の値を求める問題
⑧ （2問）1次方程式を解く問題
⑨ （3問）比例，反比例，1次方程式の文章題など

2 次検定のポイント

文章問題 ●

　2 次検定では，毎回いろいろな形で文章問題が出題され，主に，1 次方程式をつくる問題，比例と反比例の問題などがテーマとなっています。

　これらの問題は，いくつかの小問に分かれていることが多く，それぞれ与えられた条件からわかることを書き出したり，図にかいたりすることが大切です。

平面図形・空間図形 ●

　平面図形・空間図形の問題は，図形の角度や対称性（線対称や点対称），展開図や投影図，長さ・面積・体積を求める問題など，毎回，はばひろく出題されています。

　まず，それぞれの図形（直線，円，三角形，球，直方体など）の基本的な性質や特徴をおさえましょう。そして，問題を解くときには，与えられた条件を図に書き込んだり，自分で図をかいたりしながらイメージしていくことが大切です。

統計資料を読みとる問題 ●

　2 次検定では，統計資料に関する問題や場合の数についての問題も，よく出題されています。

　統計資料に関する問題では，日常をテーマにしたさまざまな表やグラフなどがでてきます。それらの資料が何を表しているのか正確に読みとり，合計や平均，割合などを求められるようにしましょう。

　また，場合の数の問題は，問われている内容を図や表に表し，整理しましょう。数えあげる場合は，数え忘れがないよう注意します。

第1回 数学検定

5級

1次 〈計算技能検定〉

―― 検定上の注意 ――

1. 検定時間は 50 分です。
2. 電卓・ものさし・コンパスを使用することはできません。
3. 解答用紙には答えだけを書いてください。
4. 答えが分数になるとき，約分してもっとも簡単な分数にしてください。

＊解答用紙は 206 ページ

© 成美堂出版

1 次の計算をしなさい。

(1) 120×0.875

(2) 1.15×5.4

(3) $3.43 \div 9.8$

(4) $\dfrac{3}{8} + \dfrac{1}{12}$

(5) $1\dfrac{2}{15} - \dfrac{3}{10}$

(6) $2\dfrac{3}{4} - 1\dfrac{7}{12} - \dfrac{5}{9}$

(7) $\dfrac{2}{51} \times 12$

(8) $1\dfrac{1}{35} \times 1\dfrac{5}{9}$

(9) $16 \div 1\dfrac{1}{7}$

(10) $3.3 \div 2\dfrac{1}{5}$

(11) $1\dfrac{3}{5} \div 5\dfrac{1}{3} \times 2\dfrac{1}{12}$

(12) $2\dfrac{1}{3} \div 2\dfrac{4}{5} - \dfrac{3}{4} \div 4\dfrac{1}{2}$

2 次の（ ）の中の数の最大公約数を求めなさい。

(13) （81，189）

(14) （24，144，72）

3 次の（　）の中の最小公倍数を求めなさい。

(15) （12，18）

(16) （5，10，25）

4 次の比をもっとも簡単な整数の比にしなさい。

(17) 64 : 256

(18) 1.2 : 14.4

5 次の式の□にあてはまる数を求めなさい。

(19) 5 : 3 = 115 : □

(20) $\dfrac{7}{3} : \dfrac{1}{6} = □ : 13$

6 次の計算をしなさい。

(21) $-19-(-8)$

(22) $(-2)^4 \times (-3^2) \div 12$

(23) $2x-3-(3x-6)$

7 $x = 6$ のとき，次の式の値を求めなさい。

(24) $5x - 20$

(25) $2x^2 - 6x$

8 次の方程式を解きなさい。

(26) $2x - 5 = 4x + 15$

(27) $\dfrac{1}{5}x - \dfrac{7}{2} = \dfrac{14 - x}{2}$

9 次の問いに答えなさい。

(28) 底面積が $x\text{cm}^2$，高さが $y\text{cm}$ の四角柱の体積は何 cm^3 ですか。x，y を用いて表しなさい。

(29) y は x に比例し，$x = 4$ のとき $y = 12$ です。y を x の式で表しなさい。

(30) y は x に反比例し，$x = -2$ のとき $y = -5$ です。$x = 3$ のときの y の値を求めなさい。

第1回　数学検定

5級

2次　〈数理技能検定〉

―― 検定上の注意 ――

1. 検定時間は 60 分です。
2. 電卓を使用することができます。
3. 解答用紙には答えだけを書いてください。答えと解き方が指示されている場合は，その指示にしたがってください。
4. 答えが分数になるとき，約分してもっとも簡単な分数にしてください。

＊解答用紙は 207 ページ

1 ある中学校の3年生の修学旅行は，A地かB地のいずれかに行くことになっています。希望調査では，A地を希望する生徒の数とB地を希望する生徒の数の比は3：5でした。その後，B地を希望していた生徒のうち，3人がA地に希望を変更したので，A地を希望する生徒の数とB地を希望する生徒の数の比は2：3になりました。このとき，次の問いに答えなさい。

(1) はじめにA地を希望した生徒の数をx人として，方程式をつくりなさい。　　　　　　　　　　　　　　　　　　　　　　（表現技能）

(2) この中学校の3年生の生徒数を求めなさい。この問題は，途中の式と答えを書きなさい。

2 50点満点の数学の小テストがありました。下の表は，A，B，C，D，Eのそれぞれの生徒の得点です。Dの得点をx点として，次の問いに答えなさい。

A	B	C	D	E
40	35	22	x	15

(3) Dの得点が21点のとき，5人の平均点は何点ですか。

(4) この5人の平均点が29点のとき，Dの得点を示すxの値を求めなさい。

3 　円柱の形をした容器に水を 8cm の深さまで入れるのに 10 秒かかります。この割合で容器に水を入れるとき，入れ始めてから x 秒後の水の深さを $y$cm とします。これについて，次の問いに答えなさい。

(5) 　y を x の式で表しなさい。　　　　　　　　　　　　（表現技能）

(6) 　水の深さが 20cm になるのは，水を入れ始めてから何秒後ですか。

4 　右の図は，直線 I L を対称の軸とする線対称な図形です。これについて次の問いに答えなさい。

(7) 　頂点 H に対応する頂点はどれですか。

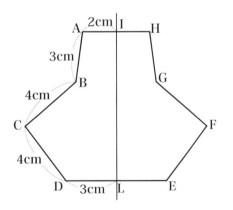

(8) 　辺 GF の長さは何 cm ですか。

5 　①，②，③，④，⑤，⑥，⑦の数字が書かれている7枚のカードがあります。これらのカードの中から3枚のカードを取り出して並べてできる3けたの整数について，次の問いに答えなさい。

(9)　3けたの整数は何通りできますか。

(10)　3けたの整数が奇数になる場合は何通りありますか。

6 　Aさんの家から300km離れたおばあさんの家へ車で行くときは，一般道路と高速道路を使います。一般道路を時速40km，高速道路を時速80kmで走ると4時間30分かかります。一般道路の道のりを$x$kmとしたとき，次の問いに答えなさい。

(11)　時間について，方程式をつくりなさい。

(12)　道のりについて，方程式をつくりなさい。

(13)　xの値を求めなさい。

7 右の図のように，$y = -\dfrac{x}{4}$ のグラフと $y = \dfrac{a}{x}$ のグラフが $x > 0$ の範囲で交わった点を点 A とします。点 A の y 座標が -1 であるとき，次の問いに答えなさい。

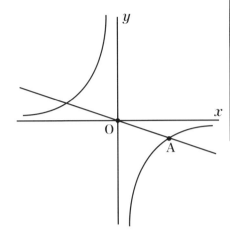

(14) a の値を求めなさい。

(15) $y = \dfrac{b}{x}$ のグラフが線分 OA の中点を通るとき，b の値を求めなさい。

8 右の図のように，正方形 OABC と，2 つの直角二等辺三角形△ABD と△BCE がそれぞれ辺 AB，BC で接しています。

OA ＝ 2cm とするとき，次の問いに答えなさい。

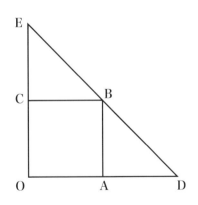

(16) 正方形 OABC と△ODE の面積の比を求めなさい。

(17) OE を軸として 1 回転するとき，正方形 OABC がつくる立体と，△ODE がつくる立体の体積の比を求めなさい。

9 次の表は，ある年の肉牛の飼育頭数の都道府県別の数です。ただし，「その他」には，この表の都道府県より飼育頭数が多いところはありません。このとき，次の問いに答えなさい。　　（統計技能）

都道府県	飼育頭数（頭）	割合（％）
宮　崎	250,100	9.5
岩　手	97,100	3.7
熊　本	134,900	5.1
長　崎	82,800	3.1
宮　城	86,000	3.3
栃　木	91,800	3.5
北海道	516,000	19.5
沖　縄	76,400	2.9
鹿児島	342,900	
群　馬	64,100	
その他	900,000	34.0
全　国	2,642,100	100.0

(18)　飼育頭数の多い順に5つの都道府県を書きなさい。

(19)　鹿児島県の割合は何％ですか。ただし，小数第2位を四捨五入して答えなさい。

(20)　鹿児島県の飼育頭数は，熊本県の飼育頭数の何倍ですか。ただし，小数第2位を四捨五入して答えなさい。

第2回 数学検定

5級

1次 〈計算技能検定〉

───── 検定上の注意 ─────

1. 検定時間は50分です。
2. 電卓・ものさし・コンパスを使用することはできません。
3. 解答用紙には答えだけを書いてください。
4. 答えが分数になるとき，約分してもっとも簡単な分数にしてください。

＊解答用紙は208ページ

© 成美堂出版

1 次の計算をしなさい。

(1) 460×0.35

(2) 0.41×2.8

(3) $6.7 \div 0.8$

(4) $\dfrac{5}{6} + \dfrac{3}{11}$

(5) $\dfrac{7}{5} - \dfrac{3}{4}$

(6) $\dfrac{9}{14} - \left(\dfrac{3}{4} - \dfrac{1}{7}\right)$

(7) $36 \times \dfrac{2}{5}$

(8) $7\dfrac{1}{3} \times \dfrac{16}{11}$

(9) $28 \div \dfrac{7}{6}$

(10) $2\dfrac{2}{5} \div 1\dfrac{1}{7}$

(11) $\dfrac{4}{15} \div \dfrac{11}{5} \div \dfrac{1}{22}$

(12) $11 \div \left(\dfrac{5}{6} + \dfrac{1}{12}\right)$

2 次の（ ）の中の数の最大公約数を求めなさい。

(13) （102, 238）

(14) （78, 126, 180）

3 次の（　）の中の最小公倍数を求めなさい。

(15) （16，24）

(16) （12，14，21）

4 次の比^ひをもっとも簡単^{かんたん}な整数の比にしなさい。

(17) 42：70

(18) $\dfrac{12}{5} : \dfrac{7}{10}$

5 次の式の□にあてはまる数を求めなさい。

(19) 3：5＝□：60

(20) 1.8：0.6＝□：11

6 次の計算をしなさい。

(21) $(-25)-(-16)$

(22) $(-2)^2 \times 12 \div (-4)^2$

(23) $2x + 17 -(-7x + 20)$

7 $x = -3$ のとき，次の式の値を求めなさい。

(24) $3x + 4$

(25) $x^2 + x + 1$

8 次の方程式を解きなさい。

(26) $14x - 5 = -6x + 55$

(27) $\dfrac{2x - 5}{3} = \dfrac{3x - 1}{6}$

9 次の問いに答えなさい。

(28) 整数 a を6でわると，商が b で余りが2になりました。この関係を a，b を用いて式に表しなさい。

(29) y は x に比例し，$x = -3$ のとき $y = -12$ です。y を x の式で表しなさい。

(30) y は x に反比例し，$x = 10$ のとき $y = \dfrac{1}{2}$ です。$x = 30$ のときの y の値を求めなさい。

第2回 数学検定

5級

2次 〈数理技能検定〉

―― 検定上の注意 ――

1. 検定時間は 60 分です。
2. 電卓を使用することができます。
3. 解答用紙には答えだけを書いてください。答えと解き方が指示されている場合は，その指示にしたがってください。
4. 答えが分数になるとき，約分してもっとも簡単な分数にしてください。

＊解答用紙は 209 ページ

Ⓒ 成美堂出版

1 花子さんは A 駅から B 駅までの 15km の道のりを分速 60m で歩きました。次の問いに答えなさい。

（1） 花子さんは，A 駅から B 駅まで歩くのに何時間何分かかりましたか。

（2） 太郎君は B 駅から A 駅までを 3 時間 20 分かけて歩きました。太郎君の歩く速さは分速何 m ですか。

2 下の図のような三角形と平行四辺形について，辺 AB を底辺としたときの高さは何 cm ですか。単位をつけて答えなさい。

（測定技能）

（3） 三角形

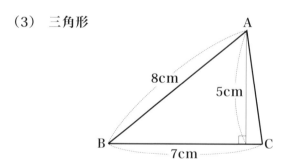

（4） 平行四辺形

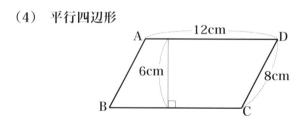

3 　下の図は，ある立体の展開図です。次の問いに答えなさい。ただし，円周率を π とします。

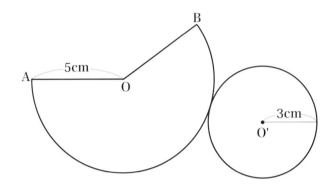

(5)　この展開図を組み立てると，どんな図形ができますか。

(6)　$\overarc{AB}$ の長さは何 cm ですか。単位をつけて答えなさい。

(7)　この立体の表面積は何 cm² ですか。単位をつけて答えなさい。

解説・解答▷ p.110 〜 p.113　31

4 右の図のように, $y = \dfrac{12}{x}$ のグラフ
が関数 $y = ax$ のグラフと $x > 0$ の
範囲で点 P で交わっています。点 P
の x 座標が 4 であるとき，次の問い
に答えなさい。

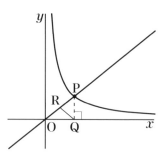

（8） a の値を求めなさい。

（9） 点 P から x 軸に垂線をひき，x 軸との交点を Q とします。2 点
O, P の中点を R とするとき，△OQR の面積を求めなさい。ただし，
座標軸の 1 目盛りは 1cm とします。

5 こうたさんは，長方形のたての長さを一定にして，横の長さを
1cm，2cm，3cm，……と変えたとき，面積がどのように変わる
かを調べ，下の表にまとめました。これについて，次の問いに答え
なさい。

横（cm）	1	2	3
面積（cm²）	20	40	60

（10） 横の長さが 15cm のときの面積を求めなさい。単位をつけて答え
なさい。

（11） 横の長さを $x$cm，面積を $y$cm² とするとき，x と y の関係を式で
表しなさい。

(12) 面積が 1260cm² のとき，横の長さを求めなさい。単位をつけて答えなさい。

6 ①，②，③，④，⑤，⑥，⑦，⑧の数字が書かれている 8 枚のカードがあります。この中から順に 2 枚を取り出し，先に取り出したカードを十の位，後に取り出したカードを一の位として 2 けたの整数をつくります。このとき，次の問いに答えなさい。

(13) 2 けたの整数が 36 以上となる取り出し方は何通りありますか。

(14) 2 けたの整数が 3 の倍数になる取り出し方は何通りありますか。

7 3%の食塩水と 30%の食塩水を混ぜて，12%の食塩水を 600g つくります。3%の食塩水を xg 混ぜるとして，次の問いに答えなさい。

(15) 食塩の量の関係を等式で表しなさい。

(16) 3%の食塩水を何 g 混ぜればよいですか。単位をつけて答えなさい。

8 　右のグラフは，ある特殊なカメラの販売台数について，ある年の各社ごとの割合をまとめたものです。これについて，次の問いに答えなさい。

（統計技能）

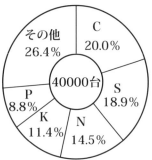

（17）　C社の販売台数はS社の販売台数より何台多いですか。この問題は途中の式と答えを書きなさい。

（18）　P社の販売台数はN社の販売台数の何倍ですか。答えは小数第3位を四捨五入して，小数第2位まで求めなさい。

9 　下の図のように，長方形を直線 ℓ 上で転がします。このとき，次の問いに単位をつけて答えなさい。ただし，円周率は π とします。

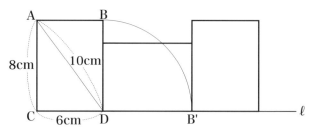

（19）　右に1回倒したとき，点Bの移動した距離は何cmですか。

（20）　この長方形が倒立したときに，点Aが移動した距離は何cmですか。

第3回　数学検定

5級

1次 〈計算技能検定〉

―― 検定上の注意 ――

1. 検定時間は50分です。
2. 電卓・ものさし・コンパスを使用することはできません。
3. 解答用紙には答えだけを書いてください。
4. 答えが分数になるとき，約分してもっとも簡単な分数にしてください。

＊解答用紙は210ページ

Ⓒ成美堂出版

1 次の計算をしなさい。

(1) 466×0.4

(2) 0.24×4.3

(3) $6.4 \div 0.16$

(4) $\dfrac{5}{4} + \dfrac{15}{16}$

(5) $\dfrac{24}{7} - \dfrac{17}{6}$

(6) $\dfrac{3}{10} - \left(\dfrac{1}{2} - \dfrac{1}{4}\right)$

(7) $32 \times \dfrac{3}{16}$

(8) $1\dfrac{1}{3} \times \dfrac{27}{26}$

(9) $32 \div \dfrac{8}{11}$

(10) $3\dfrac{1}{15} \div 2\dfrac{1}{5}$

(11) $\dfrac{5}{14} \div \dfrac{25}{2} \times \dfrac{7}{4}$

(12) $260 \div \left(\dfrac{3}{16} + \dfrac{5}{8}\right)$

2 次の（　）の中の数の最大公約数を求めなさい。

(13) $(63,\ 81)$

(14) $(144,\ 12,\ 48)$

3 次の（　）の中の最小公倍数を求めなさい。

(15)　（18，27）

(16)　（15，20，30）

4 次の比をもっとも簡単な整数の比にしなさい。

(17)　15：55

(18)　9：0.27

5 次の式の□にあてはまる数を求めなさい。

(19)　14：24＝□：132

(20)　0.8：3.2＝□：68

6 次の計算をしなさい。

(21)　$(-15)-(-26)$

(22)　$(-7)^2 \times \dfrac{1}{7} \div (-2^2)$

(23)　$3x+16-(-2x+19)$

7 $x = -4$, $y = 3$ のとき，次の式の値を求めなさい。

(24) $3xy - 2y$ (25) $x^2 - 4x^2y$

8 次の方程式を解きなさい。

(26) $2x - 7 = 5x + 11$

(27) $\dfrac{x-2}{4} = \dfrac{2x+3}{6}$

9 次の問いに答えなさい。

(28) a 個のみかんを 1 人に 3 個ずつ配ると b 個余ります。みかんを配った人数は何人ですか。a，b を用いて表しなさい。

(29) y は x に比例し，$x = 2$ のとき $y = \dfrac{1}{4}$ です。y を x の式で表しなさい。

(30) y は x に反比例し，$x = 6$ のとき，$y = 3$ です。$x = 10$ のときの y の値を求めなさい。

第3回 数学検定

5級

2次 〈数理技能検定〉

—— 検定上の注意 ——

1. 検定時間は 60 分です。
2. 電卓を使用することができます。
3. 解答用紙には答えだけを書いてください。答えと解き方が指示されている場合は，その指示にしたがってください。
4. 答えが分数になるとき，約分してもっとも簡単な分数にしてください。

＊解答用紙は 211 ページ

1　次の立体の体積を求め，単位をつけて答えなさい。ただし，円周率は π とします。 （測定技能）

（1）　円柱の上に円錐をのせた立体。

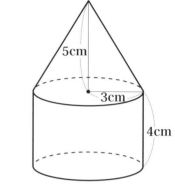

（2）　直方体から，底面の半径が 2cm の円柱を切り取った立体。

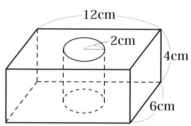

2　次の（ア）〜（キ）の図形について，次の問いに答えなさい。

（ア）　平行四辺形　　　　　（イ）　長方形
（ウ）　円　　　　　　　　　（エ）　二等辺三角形
（オ）　ひし形　　　　　　　（カ）　正方形
（キ）　正三角形

（3）　線対称であるが点対称でない図形はどれですか。

（4）　線対称でもあり，点対称でもある図形はどれですか。

3 ある肉屋さんに 10kg の牛肉のブロックがあり，100g あたり 300 円で切り売りされていて，最低 100g から買うことができます。この牛肉を xg 買ったときの値段を y 円とします。これについて，次の問いに答えなさい。ただし，消費税は考えないものとします。

(5) x の変域を求めなさい。 （表現技能）

(6) y を x の式で表しなさい。 （表現技能）

(7) A さんは 2400 円持っています。この牛肉を何 g まで買うことができますか。

4 1，2，3，4，5 の 5 つの数字から 3 つの数字を選び，一列に並べて 3 けたの整数をつくります。このとき，次の問いに答えなさい。

(8) 3 けたの整数は何通りできますか。

(9) 3 けたの整数が 4 の倍数になる場合は何通りありますか。

5　A君が家から 3km 離れた駅に向かって，毎分 60m の速さで歩いて家を出ました。A君の弟は，A君が家を出てから 20 分たって，同じ道を自転車で追いかけました。弟ははじめ，毎分 150m の速さで追いかけましたが，5 分たっても A 君に追いつけませんでした。そこで，弟はこのままでは A 君が駅につくまでに追いつけないと思い，その後は毎分 210m の速さで追いかけました。このとき，次の問いに答えなさい。

（10）　弟が毎分 210m の速さで追いかけてから x 分後に A 君に追いつくものとして，方程式をつくりなさい。

（11）　弟は，出発してから何分後に A 君に追いつきますか。

6　$y = -\dfrac{20}{x}$ のグラフについて，次の問いに答えなさい。

（12）　x の値が 3 から 4 に増加するときの，y の値の増加量を求めなさい。

（13）　この関数のグラフ上の点から x 軸に垂直にひいた線分の中点をとるとき，これらの中点を通るグラフの式を求めなさい。

7 次の数量の関係を表す式を書きなさい。

(14) 100人のうち，a%の人に弟がいます。このとき，弟のいない人は b 人です。

(15) 整数 y を 0 でない整数 x でわったときの商は a で，余りは b です。ただし，$0 \leqq b < x$ とします。

8 次の立体の表面積を単位をつけて求めなさい。ただし，円周率は π とします。 （測定技能）

(16) 正四角錐

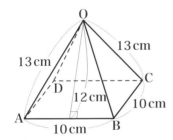

(17) 円錐

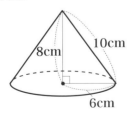

9 1 から 100 までの自然数について，次の問いに答えなさい。

（18） 13 の倍数は全部で何個ありますか。

（19） 4 でも 8 でもわり切れる数は全部で何個ありますか。

（20） 3 と 5 の公倍数は全部で何個ありますか。

第4回 数学検定

5級

1次 〈計算技能検定〉

―― 検定上の注意 ――

1. 検定時間は50分です。
2. 電卓・ものさし・コンパスを使用することはできません。
3. 解答用紙には答えだけを書いてください。
4. 答えが分数になるとき，約分してもっとも簡単な分数にしてください。

＊解答用紙は212ページ

1 次の計算をしなさい。

(1) 160×0.42

(2) 0.62×4.5

(3) $4.8 \div 0.016$

(4) $\dfrac{1}{4} + \dfrac{8}{7}$

(5) $\dfrac{9}{16} - \dfrac{1}{2}$

(6) $\dfrac{12}{11} - \left(\dfrac{5}{4} - 1\dfrac{1}{2}\right)$

(7) $63 \times \dfrac{5}{28}$

(8) $3\dfrac{1}{5} \times \dfrac{7}{36}$

(9) $54 \div \dfrac{6}{17}$

(10) $1\dfrac{1}{6} \div 1\dfrac{1}{48}$

(11) $\dfrac{4}{5} \times 1\dfrac{9}{16} \div 1\dfrac{1}{3}$

(12) $42 \div \left(2\dfrac{1}{6} - 1\dfrac{2}{3}\right)$

2 次の（ ）の中の数の最大公約数を求めなさい。

(13) （24，60）

(14) （25，125，225）

3 次の（ ）の中の最小公倍数を求めなさい。

(15) （9, 15）

(16) （12, 18, 24）

4 次の比をもっとも簡単な整数の比にしなさい。

(17) 63：91

(18) $\dfrac{3}{4} : \dfrac{5}{6}$

5 次の式の□にあてはまる数を求めなさい。

(19) 4：5 ＝□：85

(20) 21：□＝ 4.5：15

6 次の計算をしなさい。

(21) $(-14)-(-6)-(+10)$

(22) $(-4)^2 + 3 \times (-2^4)$

(23) $7(6x - 5) - 6(3x + 1)$

解説・解答▶ p.148 〜 p.158

7 $x = -3$ のとき，次の式の値を求めなさい。

(24) $2x - 9$

(25) $4x^2 + 10$

8 次の方程式を解きなさい。

(26) $6x - 5 = x + 20$

(27) $\dfrac{x-1}{2} = \dfrac{5x+10}{4}$

9 次の問いに答えなさい。

(28) たて $x$cm，横 $y$cm，高さ $z$cm の直方体の表面積は何 cm^2 ですか。$x,\ y,\ z$ を使って表しなさい。

(29) y は x に比例し，$x = 4$ のとき $y = -20$ です。$y = 40$ のときの x の値を求めなさい。

(30) y は x に反比例し，$x = -1$ のとき $y = 3$ です。$x = 3$ のときの y の値を求めなさい。

第4回 数学検定

5級

2次 〈数理技能検定〉

―― 検定上の注意 ――

1. 検定時間は60分です。
2. 電卓を使用することができます。
3. 解答用紙には答えだけを書いてください。答えと解き方が指示されている場合は，その指示にしたがってください。
4. 答えが分数になるとき，約分してもっとも簡単な分数にしてください。

＊解答用紙は213ページ

Ⓒ 成美堂出版

1 A 駅から 13km 離れた B 駅へ行くのに，最初は自転車で時速 16km で走りましたが，A 駅を出発してから x 時間後に自転車が故障したため，その後は時速 6km で歩き，出発してから 1 時間 45 分で B 駅に着きました。このとき，次の問いに答えなさい。

(1) 道のりについて，方程式をつくりなさい。

(2) かかった時間について，方程式をつくりなさい。

(3) x の値を求めなさい。

2 右の図は，∠ABC = 90°，AC = 4cm の直角二等辺三角形 ABC を，点 C を中心に点 A が BC の延長

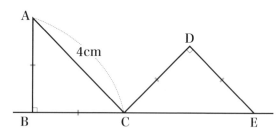

上にくるまで時計回りに回転させたものです。このとき，次の問いに単位をつけて答えなさい。

(4) ∠ACD の大きさを求めなさい。

(5) 点 A の描いた曲線と，辺 AC，CE で囲まれた図形の面積を求めなさい。ただし円周率を π とします。

3 A さんは家族から 6000 円の小遣い（こづか）をもらいました。そのうち 25% を貯金し，75% をサッカーボールを買うために使いました。このとき，次の問いに答えなさい。

(6) サッカーボールを買うために使った金額はいくらですか。単位をつけて答えなさい。

(7) サッカーボールを買うために使った金額は，貯金した金額の何倍ですか。

4 点 A $(-m + 6, 4n)$，点 B $(5m, 2n - 1)$ について，次の問いに答えなさい。

(8) 2 点 A，B が x 軸について対称であるとき，点 B の座標を求めなさい。

(9) 2 点 A，B の中点が $(4, 1)$ であるとき，m の値を求めなさい。

(10) (9) において，n の値を求めなさい。

5 4つの正方形をつなげて，下の図のような（ア）〜（オ）の5つの図形をつくりました。このとき，次の問いに答えなさい。

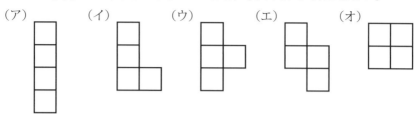

（ア）　　　（イ）　　　（ウ）　　　（エ）　　　（オ）

（11）　点対称な図形はどれですか。

（12）　線対称な図形はどれですか。

6 右の図は，下の①，②のグラフです。x 軸の正の部分を動く点を P とし，点 P を通って y 軸に平行な直線をひき，①，②のグラフとの交点をそれぞれ Q，R とします。このとき，次の問いに答えなさい。

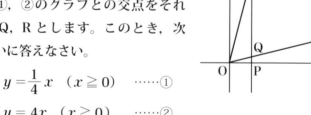

$$y = \frac{1}{4}x \quad (x \geqq 0) \quad \cdots\cdots ①$$

$$y = 4x \quad (x \geqq 0) \quad \cdots\cdots ②$$

（13）　点 P の x 座標が 4 のとき，RQ の長さを求めなさい。

（14）　点 P の座標を $(a, 0)$ とし，△QOR の面積を S とするとき，S を a を用いた式で表しなさい。

7 　　1, 2, 3, 4, 5の数字が書かれている 5 枚のカードがあります。これらのカードから 2 枚を取り出して並べ，2 けたの整数をつくるとき，次の問いに答えなさい。

(15)　2 けたの数が偶数になる場合は何通りありますか。

(16)　2 けたの数の十の位の数と一の位の数の和が奇数になる場合は何通りありますか。

8 　　あるクラスの授業でパソコンを使うことになりました。1 台を 3 人ずつで使うと，使わないパソコンが 1 台でき，2 人で使うパソコンが 1 台できます。また，1 台を 4 人ずつで使うと，1 人で使うパソコンが 1 台，使わないパソコンが 4 台できます。このとき，次の問いに答えなさい。　　　　　　　　　　　　　　　（表現技能）

(17)　パソコンの台数を x 台として，方程式をつくりなさい。

(18)　生徒の人数を求めなさい。この問題は，計算の途中の式と答えを書きなさい。

9 右の表は，あるクラスの数学のテストの結果をまとめたものです。次の問いに，単位をつけて答えなさい。

（統計技能）

点数	人数
0 ～ 49	5
50 ～ 59	10
60 ～ 69	14
70 ～ 79	6
80 ～ 89	3
90 ～ 100	2
計	40

（19） 60点未満の生徒の割合は何％ですか。

（20） 60点未満の生徒は80点以上の生徒の何倍になりますか。

第5回　数学検定

5級

1次　〈計算技能検定〉

―― 検定上の注意 ――

1. 検定時間は 50 分です。
2. 電卓・ものさし・コンパスを使用することはできません。
3. 解答用紙には答えだけを書いてください。
4. 答えが分数になるとき，約分してもっとも簡単な分数にしてください。

＊解答用紙は 214 ページ

1 次の計算をしなさい。

(1) 550×0.2

(2) 1.75×2.5

(3) $0.35 \div 0.05$

(4) $\dfrac{5}{3} + 1\dfrac{1}{4}$

(5) $2\dfrac{1}{6} - \dfrac{4}{3}$

(6) $5\dfrac{1}{4} - 3\dfrac{1}{2} - 1\dfrac{1}{6}$

(7) $\dfrac{7}{5} \times 40$

(8) $4\dfrac{4}{7} \times 3\dfrac{3}{8}$

(9) $15 \div 2\dfrac{1}{6}$

(10) $3.2 \div \dfrac{1}{40}$

(11) $0.1 \times 3\dfrac{1}{8} \div 6\dfrac{1}{2}$

(12) $\dfrac{1}{7} \times \dfrac{14}{5} + \dfrac{1}{4} \div \dfrac{4}{7}$

2 次の（　）の中の数の最大公約数を求めなさい。

(13) （42，108）

(14) （40，48，64）

3 次の（　）の中の最小公倍数を求めなさい。

(15)　(14, 20)

(16)　(10, 12, 15)

4 次の比をもっとも簡単な整数の比にしなさい。

(17)　13 : 65

(18)　$\dfrac{5}{12} : \dfrac{1}{3}$

5 次の式の□にあてはまる数を求めなさい。

(19)　3 : 4 = □ : 112

(20)　$\dfrac{2}{3} : \dfrac{1}{9} = □ : 7$

6 次の計算をしなさい。

(21)　$(-16)-(+46)$

(22)　$(-2)^4 \times 10 \div (-4)^2$

(23)　$-4x + 10 -(-5x + 15)$

解説・解答 ▷▶ p.174 〜 p.185　57

7 $x = -6$ のとき，次の式の値を求めなさい。

(24) $4x - 7$

(25) $2x^2 - 8x$

8 次の方程式を解きなさい。

(26) $22x - 9 = 11x + 2$

(27) $\dfrac{x + 2}{4} = \dfrac{x + 10}{6}$

9 次の問いに答えなさい。

(28) 底面の半径が $x$cm，高さが $y$cm の円錐の体積を x, y を使って表しなさい。ただし，円周率を π とします。

(29) y は x に比例し，$x = 4$ のとき $y = 3$ です。$x = 6$ のときの y の値を求めなさい。

(30) y は x に反比例し，$x = 4$ のとき $y = -3$ です。$y = 1$ のときの x の値を求めなさい。

第5回 数学検定

5級

2次〈数理技能検定〉

検定上の注意

1. 検定時間は60分です。
2. 電卓を使用することができます。
3. 解答用紙には答えだけを書いてください。答えと解き方が指示されている場合は，その指示にしたがってください。
4. 答えが分数になるとき，約分してもっとも簡単な分数にしてください。

＊解答用紙は215ページ

Ⓒ 成美堂出版

1 A さんは，兄と妹の 3 人で持っている鉛筆の本数を比べました。A さんは 15 本の鉛筆を持っています。このとき，次の問いに単位をつけて答えなさい。

(1) 兄の持っている鉛筆は，A さんの持っている鉛筆の 1.6 倍です。兄の持っている鉛筆は何本ですか。

(2) A さんの持っている鉛筆は，妹の持っている鉛筆の 1.5 倍です。妹の持っている鉛筆は何本ですか。

2 右の図のように，OA を半径とする円の $\frac{1}{4}$ のおうぎ形 OAB が，OA を直径とする半円の円周部分で，P，Q の 2 つの部分に分けられています。OA = 6cm とするとき，次の問いに答えなさい。ただし，円周率を π とします。

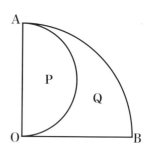

(3) P と Q の面積の比を求めなさい。

(4) OA を軸として 1 回転するとき，P，Q からできる立体の体積の比を求めなさい。

3 あるクラスで，クラス会をする費用として 1 人 700 円ずつ集めた場合，実際に必要な費用より 900 円多くなります。また，1 人 500 円ずつ集めた場合は 1500 円不足します。このとき，次の問いに答えなさい。

(5) クラスの人数を x 人として方程式をつくり，クラスの人数を求めなさい。　　　　　　　　　　　　　　　　　　　　　　（表現技能）

(6) 過不足なく集めるには 1 人につき，何円集めればよいですか。

4 みさとさんのクラスの生徒数は，男子 12 人，女子 28 人です。このとき，次の問いに答えなさい。

(7) 男子と女子の生徒数の比を最も簡単な整数の比で表しなさい。

(8) みさとさんのクラスの全生徒数と女子の生徒数の比を最も簡単な整数の比で表しなさい。

5 右の図のような正方形 ABCD の辺 BC 上を，点 P が点 B を出発して，点 C まで秒速 4cm で進みます。点 P が点 B を出発してから x 秒後の △ABP の面積を y cm^2 として，次の問いに答えなさい。

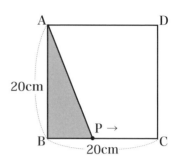

(9) x の変域を不等号を用いて表しなさい。

(10) x と y の関係を式で表しなさい。

(11) y の変域を不等号を用いて表しなさい。

6 右の図は，∠ACB = 60°，BC = 6cm の △ABC を，点 C を中心に A が BC の延長上にくるまで時計回りに回転させたものです。このとき，次の問いに単位をつけて答えなさい。 （測定技能）

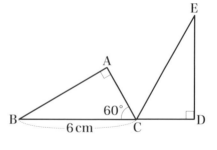

(12) ∠ACE の大きさを求めなさい。

(13) 頂点 B の描いた曲線の長さを求めなさい。

7 　下の表は，A，B，C，D の 4 人があるゲームをしたときの得点を 20 点を仮の平均として，これより得点が高いときはその差を正の数で，得点が低いときはその差を負の数で表しています。このとき，次の問いに答えなさい。 　　　　　　　　　　　　　　　　　（整理技能）

	A	B	C	D
仮の平均との差（点）	＋4	－1	＋1	－2

(14)　B の得点は何点ですか。

(15)　A の得点は B の得点より何点多いですか。

(16)　4 人の平均の得点は何点ですか。この問題は途中の式と答えを書きなさい。

8 　右の図は，ある年のみかんの収穫量のグラフです。次の問いに単位をつけて答えなさい。 　　　　　　　　　　　　　　　　　（統計技能）

(17)　右のグラフで，愛媛県の部分のおうぎ形の中心角は何度ですか。

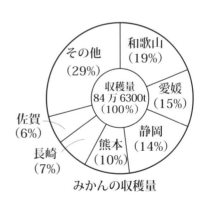

みかんの収穫量

(18)　長崎県と佐賀県の生産量の合計は何 t ですか。

9 右の図について，次の問いに答え
なさい。

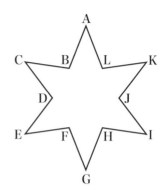

(19) 右の図は線対称な図形です。対称の
軸は何本ありますか。

(20) 直線 CI を対称の軸とするとき，点
G に対応する点を求めなさい。

読んでおぼえよう解法のコツ
5級
解説・解答

　本試験と同じ形式の問題5回分のくわしい解説と解答がまとめられています。えん筆と計算用紙を用意して，特に，わからなかった問題やミスをした問題をじっくり検討してみましょう。そうすることにより，数学検定5級合格に十分な実力を身につけることができます。

　大切なことは解答の誤りを見過ごさないで，単純ミスか，知識不足か，考え方のまちがいか，原因をつきとめ，二度と誤りをくり返さないようにすることです。そのため，「解説・解答」を次のような観点でまとめ，参考書として活用できるようにしました。

 問題を解くときに必要な基礎知識や重要事項をまとめてあります。

 小宮山先生からの一言アドバイス（ミスしやすいところ，計算のコツ，マル秘テクニック，試験対策のヒントなど）

 問題を解くときのポイントとなるところ

 参考になることがらや発展的，補足的なことがらなど

 問題解法の原則や，問題を解くうえで，知っておくと役に立つことがらなど

（難易度）　⬛⬛⬜：易　　⬛⬛⬜：中程度　　⬛⬛⬛：難

第1回 1次 計算技能

1 次の計算をしなさい。

□ (1) 120×0.875

解説・解答 《(整数)×(小数)の計算》―――――――――――○□□□
筆算で計算します。

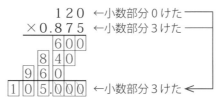

$$
\begin{array}{r}
120 \quad \text{←小数部分 0 けた} \\
\times 0.875 \quad \text{←小数部分 3 けた} \\
\hline
600 \\
840 \\
960 \\
\hline
105.000 \quad \text{←小数部分 3 けた}
\end{array}
$$

$120 \times 0.875 = \boxed{105}$ ……答

小数点の位置に注意！

□ (2) 1.15×5.4

解説・解答 《(小数)×(小数)の計算》―――――――――――○□□□
筆算で計算します。

$$
\begin{array}{r}
1.15 \quad \text{←小数部分 2 けた} \\
\times \quad 5.4 \quad \text{←小数部分 1 けた} \\
\hline
460 \\
575 \\
\hline
6.210 \quad \text{←小数部分 3 けた}
\end{array}
$$

$1.15 \times 5.4 = \boxed{6.21}$ ……答

□（3）　$3.43 \div 9.8$

《（小数）÷（小数）の計算》

筆算で計算します。

```
        0.3 5
9.8) 3.4 3 0        ←③わられる数の小数点の位置に合わせます。
     2 9 4          ←①わる数が整数になるように，小数点を右
       4 9 0           に移します。
       4 9 0          ②わられる数の小数点も同じけただけ右に
           0           移します。
```

$$3.43 \div 9.8 = \boxed{0.35} \quad \cdots\cdots \text{答}$$

> **重要**　**小数のわり算の筆算のしかた**
> ①　わる数が整数になるように，小数点を右に移します。
> ②　わられる数の小数点も，①で移した分だけ右に移します。
> ③　商の小数点の位置は，わられる数の移した小数点にそろえます。

□（4）　$\dfrac{3}{8} + \dfrac{1}{12}$

《（分数）＋（分数）の計算》

$$\dfrac{3}{8} + \dfrac{1}{12}$$

8と12の最小公倍数24を共通な分母にして通分します。

$$= \dfrac{\boxed{9}}{24} + \dfrac{\boxed{2}}{24}$$

$$= \boxed{\dfrac{11}{24}} \quad \cdots\cdots \text{答}$$

> **重要**　**分数のたし算**
> 　　分母のちがう分数のたし算は，通分して計算します。
>
> **例**　$\dfrac{3}{4} + \dfrac{1}{6} = \dfrac{9}{12} + \dfrac{2}{12} = \dfrac{11}{12}$
>
> 4と6の最小公倍数12を共通な分母にして通分します。

□ (5) $1\dfrac{2}{15} - \dfrac{3}{10}$

解説・解答 《(分数)−(分数)の計算》——————————————————

$1\dfrac{2}{15} - \dfrac{3}{10}$

$= \dfrac{\boxed{17}}{15} - \dfrac{3}{10}$ 　帯分数は仮分数になおします。

$= \dfrac{\boxed{34}}{30} - \dfrac{9}{30}$ 　通分します。

$= \dfrac{\overset{\boxed{5}}{\cancel{25}}}{\underset{\boxed{6}}{\cancel{30}}}$ 　←約分します。

$= \dfrac{\boxed{5}}{\boxed{6}}$ ……答

□ (6) $2\dfrac{3}{4} - 1\dfrac{7}{12} - \dfrac{5}{9}$

解説・解答 《(分数)の計算》——————————————————

$2\dfrac{3}{4} - 1\dfrac{7}{12} - \dfrac{5}{9}$

$= \dfrac{\boxed{11}}{4} - \dfrac{\boxed{19}}{12} - \dfrac{5}{9}$ 　帯分数は仮分数になおします。

$= \dfrac{\boxed{99}}{36} - \dfrac{\boxed{57}}{36} - \dfrac{20}{36}$ 　通分します。

$= \dfrac{\overset{\boxed{11}}{\cancel{22}}}{\underset{\boxed{18}}{\cancel{36}}}$ 　←約分します。

$= \dfrac{\boxed{11}}{\boxed{18}}$ ……答

分数のひき算

　分母のちがう分数のひき算は，通分して計算します。

例　$\dfrac{3}{4} - \dfrac{1}{3} = \dfrac{9}{12} - \dfrac{4}{12} = \dfrac{5}{12}$

　　4と3の最小公倍数 12 を共通な分母にして通分します。

☐ **(7)**　$\dfrac{2}{51} \times 12$

 《(分数)×(整数)の計算》

$$\dfrac{2}{51} \times 12$$

$$= \dfrac{2 \times \overset{4}{12}}{\underset{17}{51}} \qquad \text{←約分します。}$$

$$= \boxed{\dfrac{8}{17}} \quad \cdots\cdots \text{答}$$

☐ **(8)**　$1\dfrac{1}{35} \times 1\dfrac{5}{9}$

 《(分数)×(分数)の計算》

$$1\dfrac{1}{35} \times 1\dfrac{5}{9}$$

帯分数は仮分数になおします。

$$= \dfrac{\boxed{36}}{35} \times \dfrac{14}{9}$$

分母どうし，分子どうしをかけます。

$$= \dfrac{\overset{4}{\boxed{36}} \times \overset{2}{14}}{\underset{5}{35} \times \underset{1}{9}} \qquad \text{←約分します。}$$

$$= \boxed{\dfrac{8}{5}} \quad \left(\boxed{1\dfrac{3}{5}}\right) \cdots\cdots \text{答}$$

分数×分数の計算

重要

　分数に分数をかける計算では，分母どうし，分子どうしをかけます。

$$\frac{b}{a} \times \frac{d}{c} = \frac{b \times d}{a \times c}$$

□ (9)　$16 \div 1\frac{1}{7}$

 《(整数)÷(分数)の計算》—————————————

$$16 \div 1\frac{1}{7}$$

｝ 帯分数は仮分数になおします。

$$= 16 \div \boxed{\frac{8}{7}}$$

｝ わる数の逆数をかけ，約分します。

$$= \overset{2}{16} \times \frac{\boxed{7}}{\boxed{8}}$$
$$\ \boxed{1}$$

$$= \boxed{14} \cdots\cdots 答$$

逆数

重要

　2つの数の積が1になるとき，一方の数を他方の数の**逆数**といいます。

　分数の逆数は，分母と分子を入れかえた数になります。

分数÷分数の計算

　分数を分数でわる計算では，わる数の逆数をかけます。

$$\frac{b}{a} \div \frac{d}{c} = \frac{b}{a} \times \frac{c}{d}$$

（10）　$3.3 \div 2\dfrac{1}{5}$

 《（小数）÷（分数）の計算》

$3.3 \div 2\dfrac{1}{5}$ 　小数は分母が 10 の分数に，帯分数は仮分数になおします。

$= \dfrac{\boxed{33}}{\boxed{10}} \div \dfrac{11}{5}$

　わる数の逆数をかけます。

$= \dfrac{\boxed{33}}{\boxed{10}} \times \dfrac{5}{11}$

$= \dfrac{\boxed{33} \times \boxed{5}}{\boxed{10} \times \boxed{11}}$ 　←約分します。

（上：3, 1　下：2, 1）

$= \dfrac{\boxed{3}}{\boxed{2}} \left(\boxed{1\dfrac{1}{2}} \right)$ ……答

 （11）　$1\dfrac{3}{5} \div 5\dfrac{1}{3} \times 2\dfrac{1}{12}$

《かけ算とわり算のまじった分数の計算》

$1\dfrac{3}{5} \div \boxed{5\dfrac{1}{3}} \times 2\dfrac{1}{12}$

　帯分数は仮分数になおします。

$= \dfrac{8}{5} \div \dfrac{\boxed{16}}{\boxed{3}} \times \dfrac{25}{12}$

　わる数の逆数をかけます。

$= \dfrac{8}{5} \times \dfrac{\boxed{3}}{\boxed{16}} \times \dfrac{25}{12}$

$= \dfrac{\boxed{8} \times \boxed{3} \times \boxed{25}}{5 \times \boxed{16} \times \boxed{12}}$ 　←約分します。

（上：1, 1, 5　下：1, 2, 4）

$= \dfrac{\boxed{5}}{\boxed{8}}$ ……答

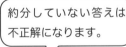
約分していない答えは不正解になります。

かけ算とわり算のまじった分数の計算

かけ算とわり算のまじった計算では,逆数を使って,かけ算だけの式になおして計算します。

$$\frac{b}{a} \times \frac{d}{c} \div \frac{f}{e} = \frac{b}{a} \times \frac{d}{c} \times \frac{e}{f}$$

□ (12)　$2\dfrac{1}{3} \div 2\dfrac{4}{5} - \dfrac{3}{4} \div 4\dfrac{1}{2}$

 《分数の四則計算》 —————————————————————

$$2\frac{1}{3} \div 2\frac{4}{5} - \frac{3}{4} \div 4\frac{1}{2}$$

帯分数は仮分数になおします。

$$= \frac{7}{3} \div \frac{14}{5} - \frac{3}{4} \div \frac{9}{2}$$

わる数の逆数をかけます。

$$= \frac{7}{3} \times \frac{5}{14} - \frac{3}{4} \times \frac{2}{9}$$

$$= \frac{\overset{1}{\cancel{7}} \times 5}{3 \times \underset{2}{\cancel{14}}} - \frac{\overset{1}{\cancel{3}} \times \overset{1}{\cancel{2}}}{\underset{2}{\cancel{4}} \times \underset{3}{\cancel{9}}}$$

←約分します。

$$= \frac{5}{6} - \frac{1}{6}$$

$$= \frac{\overset{2}{\cancel{4}}}{\underset{3}{\cancel{6}}}$$

←約分します。

$$= \frac{2}{3} \quad \cdots\cdots 答$$

途中で約分すると,計算が簡単になります。

2 次の（ ）の中の数の最大公約数を求めなさい。

□ (13) （81, 189）

《最大公約数》

```
3) 81   189  ……公約数3でわります。
3) 27    63  ……公約数3でわります。
3)  9    21  ……公約数3でわります。
    3     7  ……公約数は1以外にありません。
```

したがって，最大公約数は ③×③×③＝27　　　**答** 27

それぞれの約数を書きだします。

81 の約数……1, ③, ⑨, ㉗, 81

189 の約数……1, ③, 7, ⑨, 21, ㉗, 63, 189

したがって，最大公約数は㉗　　　**答** 27

□ (14) （24, 144, 72）

《最大公約数》

```
2) 24  144   72  ……公約数2でわります。
2) 12   72   36  ……公約数2でわります。
2)  6   36   18  ……公約数2でわります。
3)  3   18    9  ……公約数3でわります。
    1    6    3  ……公約数は1以外にありません。
```

最大公約数は ②×②×②×③＝24　　　**答** 24

最大公約数の求め方

重要　例 12と16の最大公約数の求め方

```
2) 12   16  ……公約数2でわります。
2)  6    8  ……公約数2でわります。
    3    4  ……公約数は1以外にありません。
```

最大公約数は，2×2＝4

3 次の（ ）の中の最小公倍数を求めなさい。

□ (15) （12, 18）

 《最小公倍数》

$\underline{6)\ 12\quad 18}$ ……公約数 6 でわります。
$\quad\ 2\quad\ \ 3$

したがって，最小公倍数は $6 \times 2 \times 3 = 36$　　**答** 36

 それぞれの倍数を書きだします。

12 の倍数……12, 24, 36, 48, …

18 の倍数……18, 36, …

したがって，最小公倍数は 36　　**答** 36

□ (16) （5, 10, 25）

 《最小公倍数》

$\underline{5)\ 5\quad 10\quad 25}$ ……公約数 5 でわります。
$\quad\ 1\quad\ 2\quad\ \ 5$

したがって，最小公倍数は $5 \times 1 \times 2 \times 5 = 50$

答 50

 最小公倍数の求め方

重要 **例** 4と6と9の最小公倍数の見つけ方

$\underline{2)\ 4\quad 6\quad 9}$ ……4と6の公約数2でわります。
$\underline{3)\ 2\quad 3\quad 9}$ ……3と9の公約数3でわります。
$\quad\ \ 2\quad 1\quad 3$

最小公倍数は　$2 \times 3 \times 2 \times 1 \times 3 = 36$

---

4 次の比をもっとも簡単な整数の比にしなさい。

□ (17)　64：256

 《比を簡単にする》——————————

　64：256

= (64 ÷ 64)：(256 ÷ 64)　…64 と 256 の最大公約数でわります。

= 1：4

答　1：4

□ (18)　1.2：14.4

 《比を簡単にする》——————————

　1.2：14.4

= 12：144　10 倍して整数の比で表します。

= (12 ÷ 12)：(144 ÷ 12)　…12 と 144 の最大公約数でわります。

= 1：12

答　1：12

 比の性質

　$a：b$ の a, b に同じ数をかけたり，a, b を同じ数でわったりしてできる比は，すべて **等しい比** になります。

比を簡単にする

　比を，それと等しい比で，できるだけ小さい整数の比で表すことを，**比を簡単にする**といいます。

比の値

　$a：b$ で表された比で，$a ÷ b$ の値を **比の値** といいます。

比例式の性質

$$\overbrace{a：b = c：d}^{ad}_{bc} \quad ならば \quad ad = bc$$

外項の積　内項の積

 **5** 次の式の□にあてはまる数を求めなさい。

□ (19) $5:3 = 115:□$

 《比の性質》 —————————————————————

$$5:3 = 115:□$$

$$\boxed{5} \times □ = \boxed{3} \times \boxed{115}$$

$$□ = \boxed{3} \times \boxed{115} \div \boxed{5} = \boxed{69}$$ **答** $\boxed{69}$

□ (20) $\dfrac{7}{3} : \dfrac{1}{6} = □ : 13$

 《比の性質》 —————————————————————

$$\left(\dfrac{7}{3} \times \boxed{6}\right) : \left(\dfrac{1}{6} \times \boxed{6}\right) = 14:1 \text{ ですから,}$$

ポイント
いちど整数の比
で表します。

$$14:1 = □:13$$

$$\boxed{14} \times \boxed{13} = \boxed{1} \times □$$

$$□ = \boxed{14} \times \boxed{13} \div \boxed{1} = \boxed{182}$$ **答** $\boxed{182}$

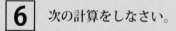

比例式の性質

$$a:b = c:d \quad \text{ならば} \quad ad = bc$$

外項の積   内項の積

 **6** 次の計算をしなさい。

□ (21) $-19 - (-8)$

 《正負の数の加法・減法》 —————————————————————

$$-19 - (-8)$$

項を並べた式で表します。

$$= -19 + \boxed{8}$$

$$= \boxed{-11} \quad \cdots\cdots \text{答}$$

(22)　$(-2)^4 \times (-3^2) \div 12$

解説・解答　《正負の数の乗法・除法》 ────────────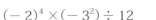

$(-2)^4 \times (-3^2) \div 12$

$= \boxed{16} \times (-9) \div \boxed{12}$

$= -\dfrac{\overset{\boxed{4}}{\cancel{16}} \times \overset{\boxed{3}}{\cancel{9}}}{\underset{\underset{\boxed{1}}{\boxed{3}}}{\cancel{12}}}$

$= \boxed{-12}$ ……答

 (23)　$2x - 3 - (3x - 6)$

解説・解答　《1次式の加法・減法》 ────────────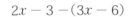

$2x - 3 - (3x - 6)$

$= 2x - 3 - \boxed{3x} + \boxed{6}$

$= 2x - \boxed{3x} - 3 + \boxed{6}$

$= \boxed{-x + 3}$ ……答

かっこをはずします。

同じ項どうし，数の項どうしをまとめます。

7　$x = 6$ のとき，次の式の値を求めなさい。

 (24)　$5x - 20$

解説・解答　《式の値》 ────────────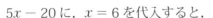

$5x - 20$ に，$x = 6$ を代入すると，

$5x - 20 = 5 \times \boxed{6} - 20$

$= \boxed{30} - 20 = \boxed{10}$　　　　　答　$\boxed{10}$

 式の値

文字式に数値を代入して計算した結果を**式の値**といいます。

□ (25) $2x^2 - 6x$

 《式の値》 ——————————————— ⬛⬜⬜

$2x^2 - 6x$ に，$x = 6$ を代入すると，

$2x^2 - 6x = 2 \times \boxed{6}^2 - 6 \times \boxed{6}$

$\qquad = \boxed{72} - 36 = \boxed{36}$　　　　　　　　　　答 $\boxed{36}$

8 次の方程式を解きなさい。

□ (26) $2x - 5 = 4x + 15$

 《1 次方程式》 ——————————————— ⬛⬜⬜

$2x - 5 = 4x + 15$

$-5,\ \boxed{4x}$ を移項すると，

$2x - \boxed{4x} = 15 + \boxed{5}$

$\boxed{-2x} = \boxed{20}$

$x = \boxed{-10}$　　　　　答 $x = \boxed{-10}$

□ (27) $\dfrac{1}{5}x - \dfrac{7}{2} = \dfrac{14 - x}{2}$

 《1 次方程式》 ——————————————— ⬛⬛⬜

$\dfrac{1}{5}x - \dfrac{7}{2} = \dfrac{14 - x}{2}$

両辺を $\boxed{10}$ 倍すると，

$\boxed{2x} - 35 = \boxed{5}(14 - x)$

$\boxed{2x} - 35 = \boxed{70} - \boxed{5x}$

$-35,\ \boxed{-5x}$ を移項すると，

$\boxed{2x} + \boxed{5x} = \boxed{70} + 35$

$\boxed{7x} = \boxed{105}$

$x = \boxed{15}$　　　　　答 $x = \boxed{15}$

両辺に分母の最小公倍数をかけて，x の係数を整数にします。

1次方程式の解き方

① 係数に小数や分数があるときは，両辺に適当な数をかけて，係数を整数にします。かっこがあればはずします。

② 移項して，文字がある項どうし，数の項どうしを集めます。

③ 両辺を整理して $ax = b$ の形にします。

④ 両辺を x の係数でわります。

---

9 次の問いに答えなさい。

□ (28) 底面積が $x\,\mathrm{cm}^2$，高さが $y\,\mathrm{cm}$ の四角柱の体積は何 cm^3 ですか。$x,\ y$ を用いて表しなさい。

《四角柱の体積》—————————————————

四角柱の体積＝底面積×高さ で，底面積が $x\,\mathrm{cm}^2$，高さが $y\,\mathrm{cm}$ ですから，$\boxed{xy}\,\mathrm{cm}^3$

答 $\boxed{xy}\,\mathrm{cm}^3$

□ (29) y は x に比例し，$x = 4$ のとき $y = 12$ です。y を x の式で表しなさい。

《比例》—————————————————————

y が x に比例するとき，求める式は $y = ax$（a は比例定数）と表すことができます。

$x = 4$ のとき $y = 12$ ですから，

$$\boxed{12} = a \times 4$$

したがって，　　　　　$a = \boxed{3}$

比例の式は，　　　　　$\boxed{y = 3x}$

答 $\boxed{y = 3x}$

---

(30) y は x に反比例し，$x = -2$ のとき $y = -5$ です。$x = 3$
のときの y の値を求めなさい。

解説
解答 《反比例》————————————————

y が x に反比例するとき，$y = \dfrac{a}{x}$（a は比例定数）と表すこと
ができます。

$x = -2$ のとき $y = -5$ ですから，

$$\boxed{-5} = \dfrac{a}{\boxed{-2}}$$

したがって，$\qquad a = (\boxed{-5}) \times (\boxed{-2}) = \boxed{10}$

反比例の式は，$\qquad y = \dfrac{\boxed{10}}{x}$

この式に，$x = 3$ を代入すると，

$$y = \dfrac{\boxed{10}}{\boxed{3}} \qquad\qquad \text{答}\quad y = \dfrac{10}{3}$$

 比例

y が x の関数で，

$$y = ax \quad (a \text{ は比例定数})$$

という式で表されるとき，y は x に比例する といいます。

反比例

y が x の関数で，

$$y = \dfrac{a}{x} \quad (a \text{ は比例定数})$$

という式で表されるとき，y は x に反比例する といいます。

2次

第
1
回

解説・解答

第1回 2次 数理技能

1 ある中学校の3年生の修学旅行は，A地かB地のいずれか に行くことになっています。希望調査では，A地を希望する生 徒の数とB地を希望する生徒の数の比は3：5でした。その後， B地を希望していた生徒のうち，3人がA地に希望を変更した ので，A地を希望する生徒の数とB地を希望する生徒の数の 比は2：3になりました。このとき，次の問いに答えなさい。

□ (1) はじめにA地を希望した生徒の数を x 人として，方程式を つくりなさい。 (表現技能)

 《比の問題》 ────────────────────────── ◖◗◖◗◖◗

A地を希望する生徒の数とB地を希望する生徒の数の比は，

$$x：（\text{B地希望の生徒数}）= 3：5$$

ですから，

$$（\text{B地希望の生徒数}）= \boxed{\dfrac{5}{3}x}$$

その後の希望地の生徒数の比は，

$$(x+\boxed{3})：\left(\boxed{\dfrac{5}{3}x}-\boxed{3}\right) = 2：3$$

したがって，

$$3(\boxed{x+3}) = 2\left(\boxed{\dfrac{5}{3}x-3}\right)$$

答 $\boxed{3(x+3) = 2\left(\dfrac{5}{3}x-3\right)}$

── **ワンポイント・アドバイス** ──────

A地を希望する生徒数が3人増えるから，B地を希望する生徒 の数は3人減って $\left(\dfrac{5}{3}x-3\right)$ 人になります。

問題 ◀ p.18, p.20   81

□ (2)　この中学校の3年生の生徒数を求めなさい。この問題は，途中（とちゅう）の式と答えを書きなさい。

 《比の問題》———————————————————————

（1）の方程式を解きます。

$$3(x + 3) = 2\left(\frac{5}{3}x - 3\right)$$

$$3x + 9 = \boxed{\frac{10}{3}}\,x - \boxed{6}$$

両辺を3倍すると，

$$9x + 27 = \boxed{10x} - \boxed{18}$$

$$-x = \boxed{-45}$$

$$x = \boxed{45}$$

したがって，A地を希望する生徒の数は $\boxed{45}$ 人です。

また，B地を希望する生徒の数は，

$$\frac{5}{3}x = \frac{5}{3} \times \boxed{45} = \boxed{75}\ （人）$$

よって，この中学校の3年生の生徒数は，

$$\boxed{45} + \boxed{75} = \boxed{120}\ （人）$$ $\boxed{120}$ 人

方程式の解が，問題に適しているかどうか確かめておきましょう。

 1次方程式の利用

① わかっている数量とわからない数量を明らかにして，求める数量を x で表します。

② 等しい関係のある数量を2つ見つけ，方程式をつくります。

③ 方程式を解きます。

④ 方程式の解が問題に適しているかどうかを確かめます（試験の解答を書くときは，省略することがあります）。

2 　50点満点の数学の小テストがありました。下の表は，A，B，C，D，Eのそれぞれの生徒の得点です。Dの得点をx点として，次の問いに答えなさい。

A	B	C	D	E
40	35	22	x	15

□ (3)　Dの得点が21点のとき，5人の平均点は何点ですか。

 《平均》────────────────

　　平均＝合計÷人数 ですから，

　　$(40 + 35 + 22 + \boxed{21} + 15) \div 5 = \boxed{26.6}$

　　　　　　　　　　　　　　答　$\boxed{26.6}$点

□ (4)　この5人の平均点が29点のとき，Dの得点を示すxの値を求めなさい。

 《平均と1次方程式》────────────

　　　　$(40 + 35 + 22 + x + 15) \div 5 = 29$

　　　　　　　　$112 + x = 29 \times \boxed{5}$

　　　　　　　　　　　$x = \boxed{145} - 112$

　　　　　　　　　　　　$= \boxed{33}$　　　**答**　$x = \boxed{33}$

3 　円柱の形をした容器に水を8cmの深さまで入れるのに10秒かかります。この割合で容器に水を入れるとき，入れ始めてからx秒後の水の深さを$y$cmとします。これについて，次の問いに答えなさい。

□ (5)　yをxの式で表しなさい。　　　　　　（表現技能）

 《比例の利用》────────────

　　yはxに比例するから，求める式を$y = ax$（aは比例定数）とおきます。

$y = ax$ において，$x = 10$ のとき $y = 8$ ですから，

$$\boxed{8} = a \times \boxed{10}$$

したがって，　　　　　　　$a = \dfrac{\boxed{8}}{10} = \dfrac{\boxed{4}}{\boxed{5}}$

よって，求める式は，$y = \dfrac{\boxed{4}}{\boxed{5}} x$　　　　　　　**答** $y = \dfrac{\boxed{4}}{\boxed{5}} x$

□（6）　水の深さが 20cm になるのは，水を入れ始めてから何秒後
ですか。

 《比例の利用》────────────────────────────────────

$y = \dfrac{4}{5} x$ において，$y = 20$ のとき，

$$\boxed{20} = \dfrac{4}{5} x$$

$$x = 20 \div \dfrac{\boxed{4}}{\boxed{5}} = 20 \times \dfrac{\boxed{5}}{\boxed{4}} = \boxed{25}$$

答 $\boxed{25}$ 秒後

 比例の利用

　y が x に比例するとき，$y = ax$（a は比例定数）と
表します。

4　　右の図は，直線 IL を
対称の軸とする線対称
な図形です。これにつ
いて次の問いに答えな
さい。

□（7）　頂点 H に対応する
頂点はどれですか。

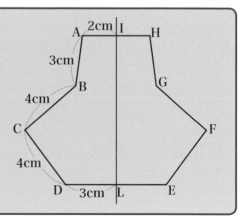

《線対称な図形》──────────── ◻◻◻

　　直線 IL を折り目として 2 つに折ったとき，ぴったり重なる点
が対応する点です。

　　したがって，頂点 H に対応する点は頂点 Ａ です。

　　　　　　　　　　　　　　　　　　　　　　　答　頂点 Ａ

◻（8）　辺 GF の長さは何 cm ですか。

《線対称な図形》──────────── ◻◻◻

　　辺 GF に対応する辺は辺 BC です。

　　辺 BC の長さは 4 cm ですから，辺 GF の長さも 4 cm です。

　　　　　　　　　　　　　　　　　　　　　　答　4 cm

　　線対称な図形

　　　直線を折り目として折り返したとき，折り目の両側
　　の部分がぴったり重なる図形を線対称な図形といいま
　　す。折り目の直線を対称の軸といいます。

　　対応する頂点，角，辺

　　　線対称な図形で，対称の軸を折り目として 2 つに
　　折ったとき，ぴったり重なる頂点，角，辺を，それぞ
　　れ対応する頂点，対応する角，対応する辺といいます。

　　線対称な図形の性質

　①　線対称な図形では，対応する辺の長さ，角の大き
　　　さはそれぞれ等しくなっています。

　②　線対称な図形では，対応する 2 つの点を結ぶ直
　　　線と対称の軸は垂直に交わります。また，この交わ
　　　る点から対応する 2 つの点までの長さは等しくなっ
　　　ています。

5 　　 $\boxed{1}$, $\boxed{2}$, $\boxed{3}$, $\boxed{4}$, $\boxed{5}$, $\boxed{6}$, $\boxed{7}$の数字が書かれている 7 枚のカードがあります。これらのカードの中から 3 枚のカードを取り出して並べてできる 3 けたの整数について，次の問いに答えなさい。

□　(9)　3 けたの整数は何通りできますか。

《並べ方》 ━━━━━━━━━━━━━━━━━━━━━━━━━━━━━━━●━❶❷❸❹

　　百の位の数が 1 で，十の位の数が 2 のとき，右の樹形図に示したように $\boxed{5}$ 通りの整数ができます。

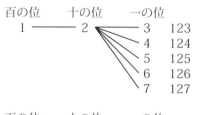

　　同じように，百の位の数が1 で，十の位の数が 3 のときも右のように $\boxed{5}$ 通りの整数ができます。

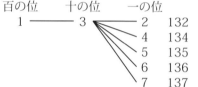

　　百の位の数が 1 で，十の位の数が 4，5，6，7 の場合についても，それぞれ $\boxed{5}$ 通りの整数ができます。

　　したがって，百の位の数が 1 の 3 けたの整数は，

$$5 \times \boxed{6} = \boxed{30}$$

より，$\boxed{30}$ 通りの整数ができます。

　　百の位の数が 2 の場合も，百の位の数が 1 の場合と同じように $\boxed{30}$ 通りの整数ができます。

　　百の位の数が 3，4，5，6，7 の場合もそれぞれ $\boxed{30}$ 通りの整数ができます。

　　したがって，3 けたの整数は，全部で

$$30 \times \boxed{7} = \boxed{210}$$

より，$\boxed{210}$ 通りできます。　　　　　**答**　$\boxed{210}$ 通り

解説・別解

百の位，十の位，一の位の順に数を決めていきます。

百の位の数は①，②，③，④，⑤，⑥，⑦のどれかで⑦通り。十の位の数は，百の位で決めた数以外の⑥通り。一の位の数は，百の位，十の位で決めた数以外の⑤通りです。したがって，

百　十　一
□→□→□
7通り 6通り 5通り

$7 \times 6 \times 5 = 210$（通り）

答 ⑦210通り

□**（10）** 3けたの整数が奇数になる場合は何通りありますか。

 解説・解答

《並べ方》

3けたの整数が奇数になるのは，一の位の数が1，3，5，7の場合です。

一の位の数が1で，十の位の数が2のとき，右の樹形図に示したように⑤通りの整数ができます。

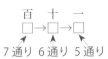

一の位	十の位	百の位	
1	2	3	321
		4	421
		5	521
		6	621
		7	721

同じように，一の位の数が1で，十の位の数が3のときも⑤通りの整数ができます。

一の位の数が1で，十の位の数が4, 5, 6, 7の場合についても，それぞれ⑤通りの整数ができます。したがって，一の位の数が1の3けたの整数は，

$$5 \times 6 = 30$$

より，③0通りの整数ができます。

一の位の数が3の場合も，一の位の数が1の場合と同じように③0通りの整数ができます。

一の位の数が5, 7の場合もそれぞれ③0通りの整数ができます。

したがって，3けたの奇数は，全部で

$$30 \times 4 = 120$$

より，120通りできます。

答 120通り

一の位，十の位，百の位の順に数を決めていきます。

一の位の数は $\boxed{1}$，$\boxed{3}$，$\boxed{5}$，$\boxed{7}$ のどれかで $\boxed{4}$ 通り。十の位の数は，一の位で決めた数以外の $\boxed{6}$ 通り。百の位の数は，一の位，十の位で決めた数以外の $\boxed{5}$ 通りです。したがって，

百　十　一
$\boxed{}\leftarrow\boxed{}\leftarrow\boxed{}$
5通り 6通り 4通り

$\boxed{4}\times\boxed{6}\times\boxed{5}=\boxed{120}$（通り）

答　$\boxed{120}$ 通り

　場合の数

　場合の数を求めるときは，**樹形図**や**表**などを使って調べると便利です。また，(9) や (10) の別解のように，計算で求めることもできます。

例　$\boxed{1}$，$\boxed{2}$，$\boxed{3}$ の3枚のカードを並べてできる3けたの整数は，

$$3 \times 2 \times 1 = 6 \text{（通り）}$$

> 123，132，213，231，
> 312，321 の6通り。

6　A さんの家から 300km 離れたおばあさんの家へ車で行くときは，一般道路と高速道路を使います。一般道路を時速 40km，高速道路を時速 80km で走ると 4 時間 30 分かかります。一般道路の道のりを $x$km としたとき，次の問いに答えなさい。

☐（11）　時間について，方程式をつくりなさい。

《1次方程式の応用》　――――――――――――――――――――――――― ●●●●

時間＝道のり÷速さ　より，

$$\binom{一般道路を}{走った時間} + \binom{高速道路を}{走った時間} = \boxed{4\frac{30}{60}}\,時間$$

ですから，

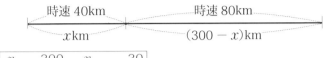

時速 40km　　　　　　　時速 80km

$x$km　　　　　　　$(300-x)$km

$$\boxed{\dfrac{x}{40} + \dfrac{300-x}{80} = 4\frac{30}{60}}$$

答　$\boxed{\dfrac{x}{40} + \dfrac{300-x}{80} = 4\frac{30}{60}}$

□（12）　道のりについて，方程式をつくりなさい。

《1次方程式の応用》　――――――――――――――――――――――――― ●●●●

道のり＝速さ×時間　より，

$$\binom{一般道路の}{道のり} + \binom{高速道路の}{道のり} = \boxed{300km}$$

ですから，

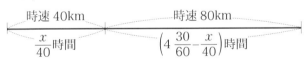

時速 40km　　　　　　　時速 80km

$\dfrac{x}{40}$時間　　　　　　$\left(4\dfrac{30}{60} - \dfrac{x}{40}\right)$時間

$$\boxed{x + 80\left(4\frac{30}{60} - \frac{x}{40}\right) = 300}$$

答　$\boxed{x + 80\left(4\frac{30}{60} - \frac{x}{40}\right) = 300}$

　速さ・道のり・時間の関係

　　　　速さ＝道のり÷時間

　　　　道のり＝速さ×時間

　　　　時間＝道のり÷速さ

（13） x の値を求めなさい。

《1次方程式の応用》 ———————————————

（11）の方程式を解きます。

$$\frac{x}{40} + \frac{300 - x}{80} = \frac{9}{2}$$

両辺を $\boxed{80}$ 倍して，

$$2x + \boxed{300} - x = \boxed{360}$$

$$2x - x = \boxed{360} - \boxed{300}$$

$$x = \boxed{60} \ (\text{km})$$

答 $x = \boxed{60}$

両辺に分母の最小公倍数をかけて，x の係数を整数にします。

（12）の方程式を解きます。

$$x + 80\left(\frac{9}{2} - \frac{x}{40}\right) = \boxed{300}$$

かっこをはずすと，

$$x + \boxed{360} - 2x = \boxed{300}$$

$$x - 2x = \boxed{300} - \boxed{360}$$

$$-x = -\boxed{60}$$

$$x = \boxed{60} \ (\text{km})$$

答 $x = \boxed{60}$

7 　右の図のように，$y = -\dfrac{x}{4}$ のグラフと $y = \dfrac{a}{x}$ のグラフが，$x > 0$ の範囲で交わった点を点Aとします。点Aのy座標が-1であるとき，次の問いに答えなさい。

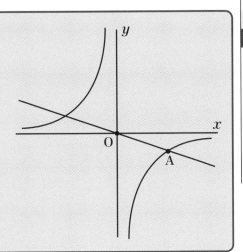

□(14)　aの値を求めなさい。

 《比例・反比例のグラフ》 ——————————— ▮▯▯▯

$y = -\dfrac{x}{4}$ に，$y = -1$ を代入すると，

$$-1 = -\frac{x}{4}$$

$$x = \boxed{4}$$

したがって，点Aの座標は，$(\boxed{4},\ -1)$

$y = \dfrac{a}{x}$ のグラフは，点Aを通るので，この式に $x = \boxed{4}$，$y = -1$ を代入します。

$$-1 = a \div \boxed{4}$$

$$a = -1 \times \boxed{4} = \boxed{-4}$$

答 -4

（15） $y = \dfrac{b}{x}$ のグラフが線分 OA の中点を通るとき，b の値を求めなさい。

解説 解答 《比例・反比例のグラフ》

O $(0, 0)$，A $(4, -1)$ なので，

線分 OA の中点の座標は $\left(\boxed{2}, \boxed{-\dfrac{1}{2}} \right)$

$y = \dfrac{b}{x}$ のグラフは，点 $\left(\boxed{2}, \boxed{-\dfrac{1}{2}} \right)$ を通るので，

この式に $x = \boxed{2}$，$y = \boxed{-\dfrac{1}{2}}$ を代入します。

$$\boxed{-\dfrac{1}{2}} = b \div \boxed{2}$$

$$b = \boxed{-\dfrac{1}{2}} \times \boxed{2} = \boxed{-1}$$

答 $\boxed{-1}$

---

8 右の図のように，正方形 OABC と，2 つの直角二等辺三角形 △ABD と △BCE がそれぞれ辺 AB，BC で接しています。OA = 2cm とするとき，次の問いに答えなさい。

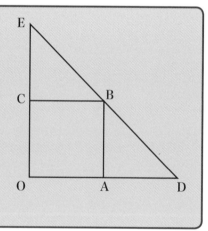

（16） 正方形 OABC と△ODE の面積の比を求めなさい。

解説 解答 《面積の比》

正方形 OABC の面積は，一辺の長さが OA = 2cm なので，

$2 \times 2 = \boxed{4}$（cm²）

△ODE の面積は，OA = AB = AD = 2cm なので，

OD = OA + AD = 2 + 2 = 4（cm）

同じようにして，OE = 4cm で ∠DOE = 90°より，

4 × 4 ÷ 2 = $\boxed{8}$（cm²）

よって，求める面積の比は，

$$\boxed{4:8} = \boxed{1:2}$$

答 $\boxed{1:2}$

□（17） OE を軸として 1 回転するとき，正方形 OABC がつくる立体と，△ODE がつくる立体の体積の比を求めなさい。

 《体積の比》 ──────────

OE を軸として 1 回転するとき，正方形 OABC がつくる立体は，図のような底面の半径が 2cm，高さが 2cm の円柱なので，体積は，

$$\pi \times 2^2 \times 2 = \boxed{8\pi}\ (cm^3)$$

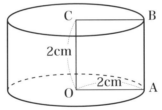

△ODE がつくる立体は，図のような底面の半径が 4cm，高さが 4cm の円錐(えんすい)なので，体積は，

$$\frac{1}{3} \times \pi \times 4^2 \times 4 = \boxed{\frac{64}{3}}\pi\ (cm^3)$$

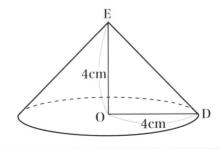

よって，求める体積の比は，

$$8\pi : \frac{64}{3}\pi = 3:8$$

---

9 次の表は，ある年の肉牛の飼育頭数の都道府県別の数です。ただし，「その他」には，この表の都道府県より飼育頭数が多いところはありません。このとき，次の問いに答えなさい。

（統計技能）

都道府県	飼育頭数（頭）	割合（％）
宮　崎	250,100	9.5
岩　手	97,100	3.7
熊　本	134,900	5.1
長　崎	82,800	3.1
宮　城	86,000	3.3
栃　木	91,800	3.5
北海道	516,000	19.5
沖　縄	76,400	2.9
鹿児島	342,900	
群　馬	64,100	
その他	900,000	34.0
全　国	2,642,100	100.0

□ (18) 飼育頭数の多い順に 5 つの都道府県を書きなさい。

解説
解答 《資料の整理》────────────────

　　飼育頭数の最も多いところは北海道の 516,000 頭です。飼育頭数の多い順に並べます。

答 北海道，鹿児島，宮崎，熊本，岩手

□ (19) 鹿児島県の割合は何%ですか。ただし，小数第2位を四捨五入して答えなさい。

 解説・解答 《資料の整理》 ────────────

$$342900 ÷ 2642100 × 100 = 12.\overset{\boxed{3\ 0}}{97}\ \cdots\cdots$$

答 $\boxed{13.0}$ %

┌─ ワンポイント・アドバイス ─────────────

　小数第2位を四捨五入して答えるので，答えは小数第1位まで求めます。

　したがって，答えは 13% ではなく，13.0%とします。

└─────────────────────────────

□ (20) 鹿児島県の飼育頭数は，熊本県の飼育頭数の何倍ですか。ただし，小数第2位を四捨五入して答えなさい。

 解説・解答 《資料の整理》 ────────────

割合について計算します。

$$13.0 ÷ 5.1 = \boxed{2.54}\ \cdots\cdots$$

答 $\boxed{2.5}$ 倍

 解説・別解

飼育頭数について計算します。

$$342900 ÷ 134900 = \boxed{2.54}\ \cdots\cdots$$

答 $\boxed{2.5}$ 倍

┌──────────────────────────┐
│ 割合
│ 重要　　割合＝比べられる量÷もとにする量
└──────────────────────────┘

1 次の計算をしなさい。

☐ (1) 460×0.35

解説・解答 《(整数)×(小数)の計算》

筆算で計算します。

$$
\begin{array}{r}
4\,6\,0 \quad ←小数部分0けた \\
\times\,0.3\,5 \quad ←小数部分2けた \\
\hline
2\,3\,0\,0 \\
1\,3\,8\,0 \\
\hline
1\,6\,1.0\,0 \quad ←小数部分2けた
\end{array}
$$

$460 \times 0.35 = \boxed{161}$ ……答

☐ (2) 0.41×2.8

解説・解答 《(小数)×(小数)の計算》

筆算で計算します。

$$
\begin{array}{r}
0.4\,1 \quad ←小数部分2けた \\
\times\,\ \ \,2.8 \quad ←小数部分1けた \\
\hline
3\,2\,8 \\
8\,2 \\
\hline
1.1\,4\,8 \quad ←小数部分3けた
\end{array}
$$

$0.41 \times 2.8 = \boxed{1.148}$ ……答

 小数のかけ算の筆算のしかた

① 小数がないものとして，整数のかけ算と同じように計算します。

② 積の小数点は，積の小数部分のけた数が，かけられる数とかける数の小数部分のけた数の和になるようにうちます。

□（3）　$6.7 \div 0.8$

解説・解答　《（小数）÷（小数）の計算》　────────────────

筆算で計算します。

←③わられる数の小数点の位置に合わせます。
←①わる数が整数になるように，小数点を右に移します。
②わられる数の小数点も同じけただけ右に移します。

$$6.7 \div 0.8 = \boxed{8.375} \quad \cdots\cdots \text{答}$$

 小数のわり算の筆算のしかた

① わる数が整数になるように，小数点を右に移します。

② わられる数の小数点も，①で移した分だけ右に移します。

③ 商の小数点の位置は，わられる数の移した小数点にそろえます。

□（4）　$\dfrac{5}{6} + \dfrac{3}{11}$

解説・解答　《（分数）＋（分数）の計算》　──────────────

$$\dfrac{5}{6} + \dfrac{3}{11}$$

6と11の最小公倍数66を共通な分母にして通分します。

$$= \dfrac{\boxed{55}}{\boxed{66}} + \dfrac{\boxed{18}}{\boxed{66}}$$

$$= \dfrac{\boxed{73}}{\boxed{66}} \left(\boxed{1\dfrac{7}{66}} \right) \quad \cdots\cdots \text{答}$$

 仮分数，帯分数のどちらで答えても正解です。

分数のたし算

分母のちがう分数のたし算は，通分して計算します。

例 $\dfrac{3}{4}+\dfrac{1}{6}=\dfrac{9}{12}+\dfrac{2}{12}=\dfrac{11}{12}$

4と6の最小公倍数 12 を共通な分母にして通分します。

□ (5) $\dfrac{7}{5}-\dfrac{3}{4}$

 《（分数）－（分数）の計算》 ────────────

$\dfrac{7}{5}-\dfrac{3}{4}$

5と4の最小公倍数 20 を共通な分母にして通分します。

$=\dfrac{\boxed{28}}{\boxed{20}}-\dfrac{\boxed{15}}{\boxed{20}}$

$=\dfrac{\boxed{13}}{\boxed{20}}$ ……答

 分数のひき算

分母のちがう分数のひき算は，通分して計算します。

例 $\dfrac{3}{4}-\dfrac{1}{3}=\dfrac{9}{12}-\dfrac{4}{12}=\dfrac{5}{12}$

4と3の最小公倍数 12 を共通な分母にして通分します。

□ (6) $\dfrac{9}{14}-\left(\dfrac{3}{4}-\dfrac{1}{7}\right)$

 《（分数）の計算》 ──────────── ●○○

$\dfrac{9}{14}-\left(\dfrac{3}{4}-\dfrac{1}{7}\right)$

（ ）の中の分数を通分します。

$=\dfrac{9}{14}-\left(\dfrac{\boxed{21}}{28}-\dfrac{\boxed{4}}{28}\right)$

$$=\frac{18}{28}-\boxed{\frac{17}{28}}$$

$$=\boxed{\frac{1}{28}} \quad\cdots\cdots 答$$

解説・別解

$$\frac{9}{14}-\left(\frac{3}{4}-\frac{1}{7}\right)$$

（ ）をはずします。

$$=\frac{9}{14}-\frac{3}{4}+\frac{1}{7}$$

通分します。

$$=\frac{18}{28}-\boxed{\frac{21}{28}}+\boxed{\frac{4}{28}}$$

$$=\boxed{\frac{1}{28}} \quad\cdots\cdots 答$$

かっこをはずすとき、符号に注意！

□（7） $36\times\dfrac{2}{5}$

解説・解答 《（整数）×（分数）の計算》

$$36\times\frac{2}{5}$$

$$=\frac{36\times\boxed{2}}{5}$$

$$=\boxed{\frac{72}{5}} \left(\boxed{14\frac{2}{5}}\right) \quad\cdots\cdots 答$$

 重要 整数×分数の計算

整数に分数をかける計算では、分母はそのままにして、整数と分子をかけます。

$$a\times\frac{c}{b}=\frac{a\times c}{b}$$

例 $\dfrac{2}{5}\times 35=\dfrac{2\times\overset{7}{\cancel{35}}}{\underset{1}{\cancel{5}}}=14$

□ (8) $7\dfrac{1}{3} \times \dfrac{16}{11}$

 《(分数)×(分数)の計算》 ——————————————— ⬜⬜⬜⬜

$$7\dfrac{1}{3} \times \dfrac{16}{11}$$

帯分数は仮分数になおします。

$$= \dfrac{\boxed{22}}{3} \times \dfrac{16}{11}$$

分母どうし，分子どうしをかけます。

$$= \dfrac{\overset{2}{22} \times 16}{3 \times \underset{1}{11}}$$ ←約分します。

$$= \dfrac{\boxed{32}}{3} \left(\boxed{10\dfrac{2}{3}} \right) \cdots\cdots 答$$

□ (9) $28 \div \dfrac{7}{6}$

 《(整数)÷(分数)の計算》 ——————————————— ⬜⬜⬜⬜

$$28 \div \dfrac{7}{6}$$

わる数の逆数をかけます。

$$= \overset{4}{28} \times \dfrac{6}{\underset{1}{7}}$$

$$= \boxed{24} \cdots\cdots 答$$

□ (10) $2\dfrac{2}{5} \div 1\dfrac{1}{7}$

 《(分数)÷(分数)の計算》 ——————————————— ⬜⬜⬜⬜

$$2\dfrac{2}{5} \div 1\dfrac{1}{7}$$

帯分数を仮分数になおします。

$$= \dfrac{\boxed{12}}{5} \div \dfrac{8}{7}$$

わる数の逆数をかけます。

$$= \dfrac{\boxed{12}}{5} \times \dfrac{7}{8}$$

$$= \dfrac{\overset{3}{\cancel{12}} \times \boxed{7}}{\boxed{5} \times \underset{2}{\cancel{8}}}$$

←分母どうし，分子どうしをかけ，約分します。

$$= \boxed{\dfrac{21}{10}} \quad \left(\boxed{2\dfrac{1}{10}} \right) \quad \cdots\cdots 答$$

重要

逆数

　2つの数の積が1になるとき，一方の数を他方の数の逆数といいます。

　分数の逆数は，分母と分子を入れかえた数になります。

分数÷分数の計算

　分数を分数でわる計算では，わる数の逆数をかけます。

$$\dfrac{b}{a} \div \dfrac{d}{c} = \dfrac{b}{a} \times \dfrac{c}{d}$$

□（11）　$\dfrac{4}{15} \div \dfrac{11}{5} \div \dfrac{1}{22}$

解説・解答　《3つの分数のわり算》

$$\dfrac{4}{15} \div \dfrac{11}{5} \div \dfrac{1}{22}$$

わる数の逆数をかけます。

$$= \dfrac{4}{15} \times \boxed{\dfrac{5}{11}} \times \boxed{22}$$

$$= \dfrac{4 \times \overset{1}{\cancel{5}} \times \overset{2}{\cancel{22}}}{\underset{3}{\cancel{15}} \times \underset{1}{\cancel{11}}}$$

←約分します。

$$= \boxed{\dfrac{8}{3}} \quad \left(\boxed{2\dfrac{2}{3}} \right) \quad \cdots\cdots 答$$

$\dfrac{1}{22}$ の逆数は $\dfrac{22}{1}$，つまり22 ですね。

3つ以上の分数のわり算の計算

重要　3つ以上の分数のわり算の計算では，逆数を使って，かけ算だけの式になおして計算します。

$$\frac{b}{a} \div \frac{d}{c} \div \frac{f}{e} = \frac{b}{a} \times \frac{c}{d} \times \frac{e}{f}$$

□ (12)　$11 \div \left(\dfrac{5}{6} + \dfrac{1}{12} \right)$

　《分数の四則計算》───────────────

$11 \div \left(\dfrac{5}{6} + \dfrac{1}{12} \right)$

$= 11 \div \left(\boxed{\dfrac{10}{12}} + \dfrac{1}{12} \right)$ ）（　）の中を先に計算します。

$= 11 \div \boxed{\dfrac{11}{12}}$

$= 11 \times \boxed{\dfrac{12}{11}}$ ）わる数の逆数をかけます。

$= \boxed{12}$ ……答

2　次の（　）の中の数の最大公約数を求めなさい。

□ (13)　（102, 238）

　《最大公約数》───────────────

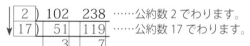

したがって，最大公約数は　$\boxed{2} \times \boxed{17} = \boxed{34}$　　　答　

□ (14)　（78, 126, 180）

《最大公約数》————————————————————————

$$\begin{array}{r} 2\,)\,\underline{78\quad 126\quad 180} \\ 3\,)\,\underline{39\quad\;\; 63\quad\;\, 90} \\ 13\quad\;\; 21\quad\;\; 30 \end{array}$$ ……公約数 2 でわります。
……公約数 3 でわります。

したがって，最大公約数は $\boxed{2}\times\boxed{3}=\boxed{6}$　　答 $\boxed{6}$

---

3 次の（　）の中の最小公倍数を求めなさい。

☐ (15)　（16，24）

《最小公倍数》————————————————————————

$$\begin{array}{r} 8\,)\,\underline{16\quad 24} \\ 2\quad\;\; 3 \end{array}$$ ……公約数 8 でわります。

したがって，最小公倍数は $\boxed{8}\times\boxed{2}\times\boxed{3}=\boxed{48}$

答 $\boxed{48}$

解説・別解

それぞれの倍数を書きだします。

16 の倍数……16，32，$\boxed{48}$，64，…

24 の倍数……24，$\boxed{48}$，…

したがって，最小公倍数は $\boxed{48}$

答 $\boxed{48}$

☐ (16)　（12，14，21）

《最小公倍数》————————————————————————

$$\begin{array}{r} 2\,)\,\underline{12\quad 14\quad 21} \\ 3\,)\,\underline{\;6\quad\;\; 7\quad 21} \\ 7\,)\,\underline{\;2\quad\;\; 7\quad\;\; 7} \\ 2\quad\;\; 1\quad\;\; 1 \end{array}$$ ……12 と 14 の公約数 2 でわります。
……6 と 21 の公約数 3 でわります。
……7 と 7 の公約数 7 でわります。

したがって，最小公倍数は $\boxed{2}\times\boxed{3}\times\boxed{7}\times\boxed{2}\times\boxed{1}\times\boxed{1}=\boxed{84}$

答 $\boxed{84}$

4 次の比をもっとも簡単な整数の比にしなさい。

□ (17)　42 : 70

解説·解答　《比を簡単にする》————————————————　

42 : 70

= (42 ÷ $\boxed{14}$) : (70 ÷ $\boxed{14}$) …42 と 70 の最大公約数でわります。

= $\boxed{3}$: $\boxed{5}$　　　　　　　　　　　　　　　　**答** $\boxed{3 : 5}$

□ (18)　$\dfrac{12}{5} : \dfrac{7}{10}$

解説·解答　《比を簡単にする》————————————————　

$\dfrac{12}{5} : \dfrac{7}{10}$ ⎞ 10 倍して整数の比で表します。

= $\boxed{24}$: $\boxed{7}$ ◀　　　　　　　　　　　　　**答** $\boxed{24 : 7}$

　比を簡単にする

　比を，それと等しい比で，できるだけ小さい整数の
比で表すことを，比を簡単にするといいます。

 5 次の式の□にあてはまる数を求めなさい。

□ (19)　3 : 5 = □ : 60

解説·解答　《比の性質》————————————————————　

$$3 : 5 = \boxed{} : 60$$

$$3 × \boxed{60} = \boxed{5} × □$$

$$□ = \boxed{3} × \boxed{60} ÷ \boxed{5}$$

$$□ = \boxed{36}$$　　　　　　　　　　　**答** $\boxed{36}$

(20) $1.8 : 0.6 = \square : 11$

解説・解答 《比の性質》————————

$1.8 : 0.6 = 18 : 6 = 3 : 1$ ですから，

$$3 : 1 = \square : 11$$

$\boxed{3} \times \boxed{11} = 1 \times \square$

$\square = \boxed{3} \times \boxed{11} \div \boxed{1} = \boxed{33}$　　　**答** $\boxed{33}$

 重要　比例式の性質

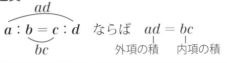

$$\overset{ad}{\overbrace{a : b = c : d}}\underset{bc}{} \quad ならば \quad \underset{外項の積}{ad} = \underset{内項の積}{bc}$$

 6　次の計算をしなさい。

 (21) $(-25) - (-16)$

解説・解答 《正負の数の加法・減法》————————

$(-25) - (-16)$ 　項を並べた式で表します。

$= -25 + \boxed{16}$

$= \boxed{-9}$ ……**答**

---

 (22) $(-2)^2 \times 12 \div (-4)^2$

解説・解答 《正負の数の乗法・除法》————————

$(-2)^2 \times 12 \div (-4)^2$

$= \boxed{4} \times 12 \div \boxed{16}$

$= \boxed{3}$ ……**答**

計算の順序

① かっこをふくむ式は，かっこの中を先に計算します。

② 累乗のある式は，累乗を先に計算します。

③ 乗法や除法は，加法や減法より先に計算します。

□ (23) $2x + 17 - (- 7x + 20)$

 《1 次式の加法・減法》

$2x + 17 - (- 7x + 20)$

$= 2x + 17 + \boxed{7x} - \boxed{20}$

$= \boxed{9x - 3}$ ……答

---

 1 次式の加法・減法

文字が同じ項どうし，数の項どうしを集めて，それぞれまとめます。

---

7 $x = -3$ のとき，次の式の値(あたい)を求めなさい。

□ (24) $3x + 4$

 《式の値》

$3x + 4$ に，$x = -3$ を代入すると，

$3x + 4 = 3 \times (\boxed{-3}) + 4$

$= \boxed{-9} + 4 = \boxed{-5}$

 式の値

文字式に数値を代入して計算した結果を**式の値**といいます。

□ (25) $x^2 + x + 1$

 《式の値》 ——————————

$x^2 + x + 1$ に，$x = -3$ を代入すると，

$x^2 + x + 1 = (\boxed{-3})^2 + (-3) + 1$

ポイント $= \boxed{9} - 3 + 1 = \boxed{7}$ 答 $\boxed{7}$

負の数はかっこを
つけて代入します。

8 次の方程式を解きなさい。

□ (26) $14x - 5 = -6x + 55$

 《1次方程式》 ——————————

$$14x - 5 = -6x + 55$$

-5，$\boxed{-6x}$ を移項すると，

$$14x + \boxed{6x} = 55 + \boxed{5}$$
$$\boxed{20x} = \boxed{60}$$
$$x = \boxed{3}$$ 答 $x = \boxed{3}$

□ (27) $\dfrac{2x - 5}{3} = \dfrac{3x - 1}{6}$

 《1次方程式》 ——————————

$$\frac{2x - 5}{3} = \frac{3x - 1}{6}$$

x の係数を整数
になおします。

両辺を $\boxed{6}$ 倍すると，

$$\boxed{2}(2x - 5) = 3x - 1$$
$$\boxed{4x} - \boxed{10} = 3x - 1$$

-10，$\boxed{3x}$ を移項すると，

$$4x - \boxed{3x} = -1 + \boxed{10}$$
$$x = \boxed{9}$$ 答 $x = \boxed{9}$

1次方程式の解き方

① 係数に小数や分数があるときは，両辺に適当な数をかけて，係数を整数にします。かっこがあればはずします。

② 移項して，文字がある項どうし，数の項どうしを集めます。

③ 両辺を整理して $ax = b$ の形にします。

④ 両辺を x の係数 a でわります。

---

9 次の問いに答えなさい。

□ **(28)** 整数 a を 6 でわると，商が b で余りが 2 になりました。この関係を a, b を用いて式に表しなさい。

 《商と余り》 ─────────────────────────── ●●□□

わられる数＝わる数×商＋あまり ですから，

$$a = 6 \times \boxed{b} + \boxed{2}$$

つまり， $a = \boxed{6b + 2}$

答 $\boxed{a = 6b + 2}$

□ **(29)** y は x に比例し，$x = -3$ のとき $y = -12$ です。y を x の式で表しなさい。

 《比例》 ─────────────────────────── ●●□□

y が x に比例するとき，求める式は $y = ax$（a は比例定数）と表すことができます。

$x = -3$ のとき $y = -12$ ですから，$\boxed{-12} = a \times (\boxed{-3})$

したがって， $a = \boxed{4}$

比例の式は， $y = \boxed{4x}$ **答** $y = \boxed{4x}$

☐（30）　y は x に反比例し，$x = 10$ のとき $y = \dfrac{1}{2}$ です。$x = 30$ のときの y の値を求めなさい。

 《反比例》 ────────────────────────

y が x に反比例するとき，$y = \dfrac{a}{x}$（a は比例定数）と表すことができます。

$x = 10$ のとき $y = \dfrac{1}{2}$ ですから，

$$\boxed{\dfrac{1}{2}} = \dfrac{a}{\boxed{10}}$$

したがって，　　　　　　　　$a = \boxed{\dfrac{1}{2}} \times \boxed{10} = \boxed{5}$

反比例の式は，　　　　　　　$y = \boxed{\dfrac{5}{x}}$

この式に，$x = 30$ を代入すると，

$$y = \boxed{\dfrac{5}{30}} = \boxed{\dfrac{1}{6}} \qquad\qquad 答\quad y = \boxed{\dfrac{1}{6}}$$

 比例

　　y が x の関数で，

$$y = ax \quad（a は比例定数）$$

という式で表されるとき，y は x に比例する といいます。

反比例

　　y が x の関数で，

$$y = \dfrac{a}{x} \quad（a は比例定数）$$

という式で表されるとき，y は x に反比例する といいます。

第2回 2次 数理技能

1 花子さんは A 駅から B 駅までの 15km の道のりを分速 60m で歩きました。次の問いに答えなさい。

☐（1） 花子さんは，A 駅から B 駅まで歩くのに何時間何分かかりましたか。

《割合》━━━━━━━━━━━━━━━━━━━━━━━━━━━

15km ＝ 15000m ですから，A 駅から B 駅まで歩くのにかかった時間は，　　　　　　　　　**ポイント** 道のり÷速さ＝時間

$$15000 \div 60 = \boxed{250} \text{（分）}$$

$\boxed{250}$ 分は，$\dfrac{\boxed{250}}{60} = \boxed{4}\dfrac{\boxed{10}}{60}$ より，$\boxed{4}$ 時間 $\boxed{10}$ 分です。

答 $\boxed{4 \text{ 時間 } 10 \text{ 分}}$

分速 60m は $60 \times 60 = 3600$ より，時速 3600m，すなわち時速 3.6km です。

したがって，

$$15 \div 3.6 = \dfrac{\boxed{150}}{36} = \boxed{4}\dfrac{1}{6} = \boxed{4}\dfrac{\boxed{10}}{60} \text{（時間）}$$

答 $\boxed{4 \text{ 時間 } 10 \text{ 分}}$

☐（2） 太郎君は B 駅から A 駅までを 3 時間 20 分かけて歩きました。太郎君の歩く速さは分速何 m ですか。

《割合》━━━━━━━━━━━━━━━━━━━━━━━━━━━

3 時間 20 分は，$\boxed{200}$ 分です。

したがって，

$$15000 \div \boxed{200} = \boxed{75}$$

道のり÷時間＝速さ **ポイント**　　　　　　　　　**答** 分速 $\boxed{75}$ m

重要　速さ・道のり・時間の関係

速さ＝道のり÷時間

道のり＝速さ×時間

時間＝道のり÷速さ

2 　下の図のような三角形と平行四辺形について，辺 AB を底辺としたときの高さは何 cm ですか。単位をつけて答えなさい。

(測定技能)

□ (3)　三角形

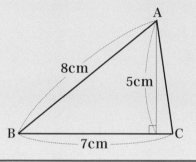

《三角形の面積》

$$\triangle ABC = \frac{1}{2} \times 7 \times 5 = \boxed{\frac{35}{2}} \, (cm^2)$$

辺 AB を底辺とし，高さを $h$cm とすると，$\triangle$ ABC の面積は，

$$\frac{1}{2} \times \boxed{8} \times h = \boxed{\frac{35}{2}}$$

$$4h = \boxed{\frac{35}{2}}$$

したがって，

面積と底辺がわかれば，高さがわかります。

$$h = \boxed{\frac{35}{2}} \div 4 = \boxed{\frac{35}{8}}$$

答　$\boxed{\frac{35}{8}}$ cm $\left(\boxed{4\frac{3}{8}} \text{ cm}\right)$

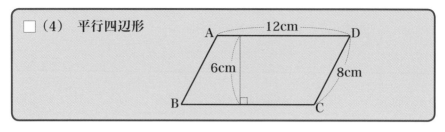

□（4）　平行四辺形

 《平行四辺形の面積》 ──────────────── ●○○○

$$\square ABCD = 12 \times 6 = 72 \ (cm^2)$$

辺 AB を底辺とするときの高さを h cm とすると，$\square$ ABCD の面積は 72cm² ですから，

$$\boxed{8h} = 72$$

したがって，　　　$h = 72 \div \boxed{8} = \boxed{9}$　　　**答** $\boxed{9 \ cm}$

> **三角形・平行四辺形の面積**
>
> $$三角形の面積 = \frac{1}{2} \times 底辺 \times 高さ$$
>
> $$平行四辺形の面積 = 底辺 \times 高さ$$

3　下の図は，ある立体の展開図です。次の問いに答えなさい。ただし，円周率を π とします。

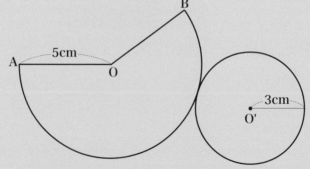

□（5）　この展開図を組み立てると，どんな図形ができますか。

112　**2次**　数理技能　②(4)　③(5)(6)(7)

解説・解答 《円錐の展開図》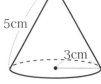

展開図を組み立てると，右の図のような底面の円の半径が 3cm，母線の長さが 5cm の円錐 になります。

 側面のおうぎ形の半径が母線の長さになります。

答 円錐

□ (6) $\overset{\frown}{AB}$ の長さは何 cm ですか。単位をつけて答えなさい。

 解説・解答 《おうぎ形の弧の長さ》

側面のおうぎ形の弧 $\overset{\frown}{AB}$ の長さは，底面の円 O' の円周の長さに等しいから，

ポイント

$$2\pi \times \boxed{3} = \boxed{6\pi} \ (\text{cm})$$

答 6π cm

□ (7) この立体の表面積は何 cm² ですか。単位をつけて答えなさい。

 解説・解答 《円錐の表面積》

底面積は， $\pi \times \boxed{3}^2 = \boxed{9\pi} \ (\text{cm}^2)$

側面積は， $\pi \times \boxed{5}^2 \times \dfrac{2\pi \times \boxed{3}}{2\pi \times \boxed{5}} = \boxed{15\pi} \ (\text{cm}^2)$

したがって，表面積は，

$\boxed{9\pi} + \boxed{15\pi} = \boxed{24\pi} \ (\text{cm}^2)$

ポイント
側面のおうぎ形の弧の長さ
母線を半径とする円周の長さ

答 24π cm²

底面積は,　　　　　　$\pi \times \boxed{3}^2 = \boxed{9\pi}$（cm²）

(6) から　　　　　　$\overset{\frown}{AB} = 6\pi$ cm

次に，おうぎ形の中心角を求めてから側面積を求めます。

おうぎ形の中心角を $a°$ とすると,

$$6\pi = \boxed{2\pi} \times \boxed{5} \times \frac{a}{360}$$

これを解くと,　　$a = \boxed{216}$

$$\pi \times 5^2 \times \frac{\boxed{216}}{360} = \boxed{15\pi}\ (\text{cm}^2)$$

したがって，表面積は,

$$\boxed{9\pi} + \boxed{15\pi} = \boxed{24\pi}\ (\text{cm}^2) \qquad 答\ \boxed{24\pi\ \text{cm}^2}$$

参考

円錐の側面積の簡単な求め方

　円錐の母線の長さ R と底面の円の半径 r がわかっているとき,

円錐の側面積は,　$\pi R^2 \times \dfrac{2\pi r}{2\pi R} = \pi Rr$

すなわち，**円錐の側面積＝πRr** で求めることができます。

　この求め方をおぼえておくと，試験など解答時間に制限があるときに便利です。

4　右の図のように, $y = \dfrac{12}{x}$ のグラフが関数 $y = ax$ のグラフと $x > 0$ の範囲で点 P で交わっています。点 P の x 座標が 4 であるとき，次の問いに答えなさい。

□（8）a の値を求めなさい。

　《比例・反比例のグラフ》 ━━━━━━━━━━ ●Ⅲ⬜Ⅱ

$y = \dfrac{12}{x}$ に, $x = 4$ を代入すると,

$$y = \frac{12}{4} = \boxed{3}$$

したがって，点Pの座標は，$(\boxed{4},\ \boxed{3})$

$y = ax$ のグラフは，点Pを通る直線ですから，この式に $x = 4$，$y = 3$ を代入します。

$$\boxed{3} = a \times \boxed{4}$$

よって，　　　　　　　　　$a = \boxed{\frac{3}{4}}$　　　　　$a = \boxed{\frac{3}{4}}$

□ (9)　点Pから x 軸に垂線をひき，x 軸との交点を Q とします。2点 O，P の中点を R とするとき，△OQR の面積を求めなさい。ただし，座標軸の1目盛りは 1cm とします。

《比例・反比例のグラフ》————————————————

OR = RP より，△OQR $= \frac{1}{2}$△OPQ ですから，

$$\triangle OQR = \frac{1}{2} \times \frac{1}{2} \times OQ \times PQ$$

$$= \frac{1}{2} \times \frac{1}{2} \times \boxed{4} \times \boxed{3}$$

$$= \boxed{3}\,(\mathrm{cm}^2)$$　　　　　　　$\boxed{3}$ cm^2

5　こうたさんは，長方形のたての長さを一定にして，横の長さを 1cm，2cm，3cm，……と変えたとき，面積がどのように変わるかを調べ，下の表にまとめました。これについて，次の問いに答えなさい。

横（cm）	1	2	3
面積（cm^2）	20	40	60

□ (10)　横の長さが 15cm のときの面積を求めなさい。単位をつけて答えなさい。

《長方形の面積》

　　表から，横が 1cm のとき面積が 20cm² ですから，たての長さは $\boxed{20}$ cm であることがわかります。

　　したがって，横の長さが 15cm のときの面積は，

$$\boxed{20} \times 15 = \boxed{300}\ (\text{cm}^2)$$

答 $\boxed{300\ \text{cm}^2}$

□ (11)　横の長さを $x$cm，面積を $y$cm² とするとき，x と y の関係を式で表しなさい。

 《比例の式》

　　たての長さが 20cm，横の長さが $x$cm，面積が $y$cm² ですから，

$$\boxed{20} \times \boxed{x} = y$$

より，

$$y = \boxed{20x}$$

答 $\boxed{y = 20x}$

□ (12)　面積が 1260cm² のとき，横の長さを求めなさい。単位をつけて答えなさい。

 《比例の式》

　　$y = 20x$ において，$y = \boxed{1260}$ ですから，

$$\boxed{1260} = 20x$$

　　したがって，

$$x = \boxed{1260} \div 20 = \boxed{63}\ (\text{cm})$$

答 $\boxed{63\ \text{cm}}$

 比例の式の求め方

　　求める式を $y = ax$ とおいて，1 組の x，y の値の組から，比例の式を求めることができます。

---

6 ①, ②, ③, ④, ⑤, ⑥, ⑦, ⑧の数字が書かれている8枚のカードがあります。この中から順に2枚を取り出し，先に取り出したカードを十の位，後に取り出したカードを一の位として2けたの整数をつくります。このとき，次の問いに答えなさい。

□(13)　2けたの整数が36以上となる取り出し方は何通りありますか。

解説・解答　《並べ方》

　　右の樹形図に示したように，十の位の数が3の場合，一の位の数は ③ 通りあります。

　　十の位の数が4の場合は，右のように ⑦ 通りの整数ができます。

　　十の位の数が5，6，7，8の場合も，それぞれ ⑦ 通りの整数ができます。

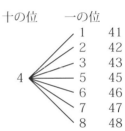

　　したがって，36以上の整数は，

　　　　③ ＋ 7 × ⑤ ＝ ⑧

より，⑧ 通りあります。

答 ⑧ 通り

□(14)　2けたの整数が3の倍数になる取り出し方は何通りありますか。

解説・解答　《並べ方》

　　2けたの整数が3の倍数になる場合は，下の樹形図に示したように，⑳ 通りあります。

十の位	一の位	十の位	一の位	十の位	一の位
1	2 5 8	2	1 4 7	3	6
4	2 5 8	5	1 4 7	6	3
7	2 5 8	8	1 4 7		

答 ⑳ 通り

一の位の数と十の位の数との和が３の倍数になる２けたの整数を見つけます。

7　3%の食塩水と 30%の食塩水を混ぜて，12%の食塩水を 600g つくります。3%の食塩水を xg 混ぜるとして，次の問いに答えなさい。

☐（15）　食塩の量の関係を等式で表しなさい。

解説
解答

《食塩水の濃度》——————————————————●●●

　3%の食塩水 xg にふくまれる食塩の量は，

$$x \times \frac{3}{100} = \boxed{\frac{3}{100}\,x}\ (\text{g})$$

　30%の食塩水（$600 - x$）g にふくまれる食塩の量は，

$$(600 - x) \times \frac{30}{100} = \boxed{\frac{30}{100}\,(600 - x)}\ (\text{g})$$

　12%の食塩水 600g にふくまれる食塩の量は，

$$600 \times \frac{12}{100} = \boxed{72}\ (\text{g})$$

したがって，

$$\frac{3}{100}x + \frac{30}{100}(600 - x) = \boxed{72}$$

3% の食塩水にふ　　30% の食塩水にふ　　12%の食塩水にふ
くまれる食塩の量　　くまれる食塩の量　　くまれる食塩の量

答 $\boxed{\dfrac{3}{100}x + \dfrac{30}{100}(600 - x) = 72}$

□（16）　3%の食塩水を何 g 混ぜればよいですか。単位をつけて答えなさい。

《1 次方程式》　　　　　　　　　　　　　　　　　　　　　●●●

（15）で求めた 1 次方程式を解きます。

$$\frac{3}{100}x + \frac{30}{100}(600 - x) = 72$$

両辺に 100 をかけると，

$$3x + \boxed{30}(600 - x) = \boxed{7200}$$
$$3x + \boxed{18000} - 30x = \boxed{7200}$$
$$\boxed{-27x} = \boxed{-10800}$$
$$x = \boxed{400}$$

したがって，3%の食塩水を $\boxed{400}$ g 混ぜればよいことがわかります。

答 $\boxed{400\ \text{g}}$

 重要

食塩水の濃度の求め方

$$食塩水の濃度（\%）＝\frac{食塩の量}{食塩水の量} \times 100$$

（食塩水の量＝食塩の量＋水の量）

食塩の量の求め方

$$食塩の量＝食塩水の量 \times \frac{食塩水の濃度（\%）}{100}$$

8 右のグラフは，ある特殊なカメラの販売台数について，ある年の各社ごとの割合をまとめたものです。これについて，次の問いに答えなさい。 (統計技能)

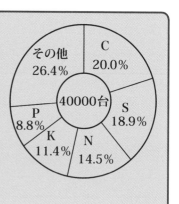

その他 26.4%
C 20.0%
40000台
S 18.9%
N 14.5%
K 11.4%
P 8.8%

□ (17) C社の販売台数はS社の販売台数より何台多いですか。この問題は途中の式と答えを書きなさい。

 《円グラフと割合》 ━━━━━━━━━━━━━ ⬜⬜⬜

C社の販売台数は，

$$40000 \times \frac{\boxed{20}}{100} = \boxed{8000}（台）$$

S社の販売台数は，

$$40000 \times \frac{\boxed{18.9}}{100} = \boxed{7560}（台）$$

したがって， $8000 - 7560 = \boxed{440}（台）$ 答 $\boxed{440}$ 台

 C社とS社の割合の差は，

$$\boxed{20.0} - \boxed{18.9} = \boxed{1.1}（\%）$$

$$40000 \times \frac{\boxed{1.1}}{100} = \boxed{440}（台）$$ 答 $\boxed{440}$ 台

□ (18) P社の販売台数はN社の販売台数の何倍ですか。答えは小数第3位を四捨五入して，小数第2位まで求めなさい。

 《円グラフと割合》 ━━━━━━━━━━━━━ ⬜⬜⬜

P社とN社の販売台数の割合を考えます。

$$\boxed{8.8} \div \boxed{14.5} = 0.60\overset{\boxed{1}}{6} \cdots\cdots$$ 答 $\boxed{0.61}$ 倍

P社の販売台数は，　$40000 \times \dfrac{8.8}{100} = \boxed{3520}$（台）

N社の販売台数は，　$40000 \times \dfrac{14.5}{100} = \boxed{5800}$（台）

したがって，　$3520 \div 5800 = 0.60\overset{1}{6}$

答 $\boxed{0.61}$ 倍

 円グラフ

　円グラフや帯グラフは，全体に対する部分の割合をみたり，部分どうしの割合を比べたりするときに便利です。

もとにする量，比べられる量，割合の関係

　　比べられる量＝もとにする量×割合

9 　下の図のように，長方形を直線 ℓ 上で転がします。このとき，次の問いに単位をつけて答えなさい。ただし，円周率は π とします。

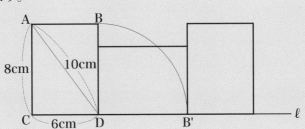

□（19）　右に1回倒したとき，点Bの移動した距離は何cmですか。

 《平面図形》

　点Bの移動した距離は，おうぎ形DBB'の弧の長さに等しい。

　おうぎ形DBB'の中心角は $\boxed{90°}$ で，半径が $\boxed{8}$ cm ですから，

$$2\pi \times \boxed{8} \times \dfrac{\boxed{90}}{360} = \boxed{4\pi}\ (\text{cm})$$

答 $\boxed{4\pi}$ cm

解説解答　《平面図形》

点 A が移動したあとは，下の図のように，おうぎ形 DAA' の弧 AA' と，おうぎ形 B'A'A" の弧 A'A" です。

頂点 A は A から A'，A' から A" に移動し，頂点 B は B' に移動します。

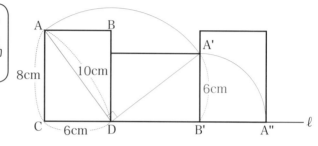

おうぎ形 DAA' は，中心角が 90°，半径が 10 cm ですから，弧 AA' の長さは，

$$2\pi \times \boxed{10} \times \frac{90}{360} = \boxed{5\pi} \text{ (cm)}$$

また，おうぎ形 B'A'A" は，中心角が 90°，半径が 6 cm ですから，弧 A'A" の長さは，

$$2\pi \times \boxed{6} \times \frac{90}{360} = \boxed{3\pi} \text{ (cm)}$$

したがって，

$$\boxed{5\pi} + \boxed{3\pi} = \boxed{8\pi} \text{ (cm)}$$

答　$\boxed{8\pi}$ cm

 重要　おうぎ形の弧の長さ

半径が r，中心角が $a°$ のおうぎ形の弧の長さ ℓ は，

$$\ell = 2\pi r \times \frac{a}{360}$$

第3回 1次 計算技能

1 次の計算をしなさい。

☐ (1) 466×0.4

 《(整数)×(小数)の計算》

筆算で計算します。

```
      4 6 6   ←小数部分0けた
  ×     0.4   ←小数部分1けた
  1 8 6.4     ←小数部分1けた
```

$466 \times 0.4 = 186.4$ ……答

☐ (2) 0.24×4.3

 《(小数)×(小数)の計算》

筆算で計算します。

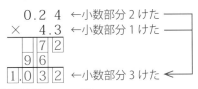

```
    0.2 4   ←小数部分2けた
  ×   4.3   ←小数部分1けた
      7 2
    9 6
  1.0 3 2   ←小数部分3けた
```

$0.24 \times 4.3 = 1.032$ ……答

 小数のかけ算の筆算のしかた

① 小数がないものとして，整数のかけ算と同じように計算します。

② 積の小数点は，積の小数部分のけた数が，かけられる数とかける数の小数部分のけた数の和になるようにうちます。

問題 ◀ p.34, p.36 123

□ (3)　6.4 ÷ 0.16

 《（小数）÷（小数）の計算》 ──────────── ●○○○

筆算で計算します。

```
              4  0
0.16)6.4 0
        6  4
              0
```

←③わられる数の小数点の位置に合わせます。
←①わる数が整数になるように，小数点を右に移します。
②わられる数の小数点も同じけただけ右に移します。

6.4 ÷ 0.16 ＝ 40 …… 答

 小数のわり算の筆算のしかた

① わる数が整数になるように，小数点を右に移します。

② わられる数の小数点も，①で移した分だけ右に移します。

③ 商の小数点の位置は，わられる数の移した小数点にそろえます。

□ (4)　$\dfrac{5}{4} + \dfrac{15}{16}$

 《（分数）＋（分数）》 ──────────── ●○○○

$$\dfrac{5}{4} + \dfrac{15}{16}$$

4 と 16 の最小公倍数 16 を共通な分母にして通分します。

$$= \dfrac{20}{16} + \dfrac{15}{16}$$

$$= \dfrac{35}{16} \left(2\dfrac{3}{16} \right) \quad ……答$$

 仮分数，帯分数のどちらで答えても正解です。

分数のたし算

分母のちがう分数のたし算は，通分して計算します。

例　$\dfrac{3}{4} + \dfrac{1}{6} = \dfrac{9}{12} + \dfrac{2}{12} = \dfrac{11}{12}$

4 と 6 の最小公倍数 12 を共通な分母にして通分します。

□ (5) $\dfrac{24}{7}-\dfrac{17}{6}$

 《（分数）－（分数）の計算》 ────────────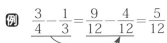

$\dfrac{24}{7}-\dfrac{17}{6}$

7と6の最小公倍数42を共通な分母にして通分します。

$=\dfrac{144}{42}-\dfrac{119}{42}$

$=\dfrac{25}{42}$ ……答

分数のひき算

分母のちがう分数のひき算は，通分して計算します。

例 $\dfrac{3}{4}-\dfrac{1}{3}=\dfrac{9}{12}-\dfrac{4}{12}=\dfrac{5}{12}$

4と3の最小公倍数12を共通な分母にして通分します。

□ (6) $\dfrac{3}{10}-\left(\dfrac{1}{2}-\dfrac{1}{4}\right)$

 《分数の計算》 ────────────

$\dfrac{3}{10}-\left(\dfrac{1}{2}-\dfrac{1}{4}\right)$

（　）の中の分数を通分します。

$=\dfrac{3}{10}-\left(\dfrac{2}{4}-\dfrac{1}{4}\right)$

（　）の中を計算します。

$=\dfrac{3}{10}-\dfrac{1}{4}$

通分します。

$=\dfrac{6}{20}-\dfrac{5}{20}$

$=\dfrac{1}{20}$ ……答

かっこの中を先に
計算します。

$$\frac{3}{10}-\left(\frac{1}{2}-\frac{1}{4}\right)$$

（ ）をはずします。

かっこをはずすとき，符号に注意！

$$=\frac{3}{10}-\frac{1}{2}+\frac{1}{4}$$

通分します。

$$=\frac{6}{20}-\boxed{\frac{10}{20}}+\boxed{\frac{5}{20}}$$

$$=\boxed{\frac{1}{20}}\quad\cdots\cdots 答$$

□ (7)　$32\times\dfrac{3}{16}$

《(整数)×(分数)の計算》

$$32\times\frac{3}{16}$$

計算の途中で約分します！

$$=\frac{\overset{2}{\cancel{32}}\times\boxed{3}}{\underset{1}{\cancel{16}}}$$

$$=\boxed{6}\quad\cdots\cdots 答$$

整数×分数の計算

　整数に分数をかける計算では，分母はそのままにして，整数と分子をかけます。

$$a\times\frac{c}{b}=\frac{a\times c}{b}$$

□ (8)　$1\dfrac{1}{3}\times\dfrac{27}{26}$

《(分数)×(分数)の計算》

$$1\frac{1}{3}\times\frac{27}{26}$$

帯分数は仮分数になおします。

$$=\frac{4}{3}\times\frac{27}{26}$$

$$=\frac{\overset{2}{\cancel{4}} \times \overset{9}{\cancel{27}}}{\underset{1}{\cancel{3}} \times \underset{13}{\cancel{26}}}$$ ←分母どうし，分子どうしをかけ，約分します。

$$=\boxed{\frac{18}{13}} \left(\boxed{1\frac{5}{13}}\right) \quad \cdots\cdots 答$$

分数×分数の計算

分数に分数をかける計算では，分母どうし，分子どうしをかけます。

$$\frac{b}{a} \times \frac{d}{c} = \frac{b \times d}{a \times c}$$

□ (9)　$32 \div \frac{8}{11}$

 《（整数）÷（分数）の計算》

$$32 \div \frac{8}{11}$$

わる数の逆数をかけます。

$$=32 \times \frac{11}{\underset{1}{\cancel{8}}}^{\overset{4}{}}$$

$$=\boxed{44} \quad \cdots\cdots 答$$

□ (10)　$3\frac{1}{15} \div 2\frac{1}{5}$

 《（分数）÷（分数）の計算》

$$3\frac{1}{15} \div 2\frac{1}{5}$$

帯分数を仮分数になおします。

$$=\frac{46}{15} \div \boxed{\frac{11}{5}}$$

わる数の逆数をかけます。

$$=\frac{46}{\underset{3}{\cancel{15}}} \times \frac{\overset{1}{\cancel{5}}}{11} = \boxed{\frac{46}{33}} \left(\boxed{1\frac{13}{33}}\right) \quad \cdots\cdots 答$$

問題 ◀ p.36

逆数

重要

　2つの数の積が1になるとき，一方の数を他方の数の逆数といいます。

　分数の逆数は，分母と分子を入れかえた数になります。

分数÷分数の計算

　分数を分数でわる計算では，わる数の逆数をかけます。

$$\frac{b}{a} \div \frac{d}{c} = \frac{b}{a} \times \frac{c}{d}$$

□ (11)　$\dfrac{5}{14} \div \dfrac{25}{2} \times \dfrac{7}{4}$

 《かけ算とわり算のまじった分数の計算》 ――――――――――

$$\frac{5}{14} \div \frac{25}{2} \times \frac{7}{4}$$

わる数の逆数をかけます。

$$= \frac{5}{14} \times \boxed{\frac{2}{25}} \times \frac{7}{4}$$

$$= \frac{\overset{\boxed{1}}{5} \times \overset{\boxed{1}}{2} \times \overset{\boxed{1}}{7}}{\underset{\boxed{2}}{14} \times \underset{\boxed{5}}{25} \times \underset{\boxed{2}}{4}}$$

←約分します。

約分していない答えは
不正解になります。

$$= \boxed{\frac{1}{20}} \quad \cdots\cdots 答$$

 かけ算とわり算のまじった分数の計算

重要

　かけ算とわり算のまじった計算では，逆数を使って，かけ算だけの式になおして計算します。

$$\frac{b}{a} \div \frac{d}{c} \times \frac{f}{e} = \frac{b}{a} \times \frac{c}{d} \times \frac{f}{e}$$

□ (12) $260 \div \left(\dfrac{3}{16} + \dfrac{5}{8} \right)$

 《分数の四則計算》 ──────── □□□□

$$260 \div \left(\frac{3}{16} + \frac{5}{8} \right)$$

$$= 260 \div \left(\frac{3}{16} + \boxed{\frac{10}{16}} \right)$$

（　）の中を先に計算します。

$$= 260 \div \boxed{\frac{13}{16}}$$

わる数の逆数をかけます。

$$= \overset{20}{260} \times \frac{\boxed{16}}{\underset{1}{13}}$$

$$= \boxed{320} \quad \cdots\cdots 答$$

---

2 次の（　）の中の数の最大公約数を求めなさい。

□ (13) （63, 81）

 《最大公約数》 ──────── □□□□

$$
\begin{array}{r|cc}
3) & 63 & 81 \\
\hline
3) & 21 & 27 \\
\hline
& 7 & 9
\end{array}
$$

……公約数 3 でわります。
……公約数 3 でわります。
……公約数は 1 以外にありません。

最大公約数は　$\boxed{3} \times \boxed{3} = \boxed{9}$　　　　答 $\boxed{9}$

□ (14) （144, 12, 48）

 《最大公約数》 ──────── □□□□

$$
\begin{array}{r|ccc}
2) & 144 & 12 & 48 \\
\hline
2) & 72 & 6 & 24 \\
\hline
3) & 36 & 3 & 12 \\
\hline
& 12 & 1 & 4
\end{array}
$$

……公約数 2 でわります。
……公約数 2 でわります。
……公約数 3 でわります。
……公約数は 1 以外にありません。

最大公約数は　$\boxed{2} \times \boxed{2} \times \boxed{3} = \boxed{12}$　　　　答 $\boxed{12}$

最大公約数の求め方

重要

例 12 と 16 の最大公約数の求め方

```
  2 ) 12   16  ……公約数 2 でわります。
  2 )  6    8  ……公約数 2 でわります。
       3    4  ……公約数は 1 以外にありません。
```

最大公約数は，$2 \times 2 = 4$

---

3 次の（ ）の中の最小公倍数を求めなさい。

☐ (15) （18, 27）

 《最小公倍数》 ───────────────────

```
  9 ) 18   27  ……公約数 9 でわります。
       2    3
```

したがって，最小公倍数は $\boxed{9} \times \boxed{2} \times \boxed{3} = \boxed{54}$

答 $\boxed{54}$

3つ以上の整数の最小公倍数も同じようにして求めることができます。

☐ (16) （15, 20, 30）

 《最小公倍数》 ───────────────────

```
  5 ) 15   20   30  ……公約数 5 でわります。
  2 )  3    4    6  …… 4 と 6 の公約数 2 でわります。
  3 )  3    2    3  …… 3 と 3 の公約数 3 でわります。
       1    2    1
```

したがって，最小公倍数は $\boxed{5} \times \boxed{2} \times \boxed{3} \times \boxed{1} \times \boxed{2} \times \boxed{1} = \boxed{60}$

答 $\boxed{60}$

4 次の比をもっとも簡単な整数の比にしなさい。

□ (17) $15 : 55$

 《比を簡単にする》

$15 : 55$

$= (15 \div \boxed{5}) : (55 \div \boxed{5})$ …15 と 55 の最大公約数でわります。

$= \boxed{3} : \boxed{11}$ 　　　　答 $\boxed{3} : \boxed{11}$

□ (18) $9 : 0.27$

 《比を簡単にする》

$9 : 0.27$

$= 900 : 27$ 　　　100 倍して整数の比で表します。

$= (900 \div \boxed{9}) : (27 \div \boxed{9})$ …900 と 27 の最大公約数でわります。

$= \boxed{100} : \boxed{3}$ 　　　　答 $\boxed{100} : 3$

 比を簡単にする

比を，それと等しい比で，できるだけ小さい整数の比で表すことを，比を簡単にするといいます。

5 次の式の□にあてはまる数を求めなさい。

□ (19) $14 : 24 = \square : 132$

 《比の性質》

まず，比を簡単にします。

$14 : 24 = 7 : 12$

$7 : 12 = \square : 132$

$\boxed{7} \times \boxed{132} = \boxed{12} \times \square$

$\square = \boxed{7} \times \boxed{132} \div \boxed{12} = \boxed{77}$ 　　　答 $\boxed{77}$

(20) $0.8 : 3.2 = \square : 68$

解説・解答 《比の性質》 ———————————————————————

$0.8 : 3.2 = 1 : 4$ ですから，

$1 : 4 = \square : 68$

$1 \times 68 = 4 \times \square$

$\square = \boxed{1} \times \boxed{68} \div \boxed{4} = \boxed{17}$ **答** $\boxed{17}$

重要 **比例式の性質**

$$\overset{\displaystyle ad}{\overbrace{a : b = \underset{\displaystyle bc}{\underbrace{c : d}}}} \quad ならば \quad ad = bc$$

外項の積　内項の積

 次の計算をしなさい。

 (21) $(-15) - (-26)$

解説・解答 《正負の数の加法・減法》 —————————————————

$(-15) - (-26)$

$= -15 + \boxed{26}$ ← 項を並べた式で表します。

$= \boxed{11}$ ……**答**

---

 (22) $(-7)^2 \times \dfrac{1}{7} \div (-2^2)$

解説・解答 《正負の数の乗法・除法》

$(-7)^2 \times \dfrac{1}{7} \div (-2^2)$

$= \boxed{49} \times \dfrac{1}{7} \div (\boxed{-4})$ ← 累乗を計算します。

$= \boxed{49} \times \dfrac{1}{7} \times \left(\boxed{-\dfrac{1}{4}}\right)$ ← かけ算だけの式になおします。

$$= -\frac{\overset{7}{\cancel{49}} \times 1 \times 1}{\underset{1}{\cancel{7}} \times 4} \qquad \leftarrow 約分します。$$

$$= \boxed{-\frac{7}{4}} \quad \left(\boxed{-1\frac{3}{4}}\right) \quad \cdots\cdots \text{答}$$

 計算の順序

重要

① かっこをふくむ式は，かっこの中を先に計算します。

② 累乗のある式は，累乗を先に計算します。

③ 乗法や除法は，加法や減法より先に計算します。

□ (23) $3x + 16 - (-2x + 19)$

 《1次式の加法・減法》 ────────────

$ 3x + 16 - (-2x + 19)$ ⎫ かっこをはずします。

$= 3x + 16 + \boxed{2x} - \boxed{19}$ ⎬ 同じ項どうし，数の項どうしを

$= \boxed{5x - 3}$ ……答 ⎭ まとめます。

---

7 $x = -4,\ y = 3$ のとき，次の式の値^{あたい}を求めなさい。

□ (24) $3xy - 2y$

 《式の値》 ────────────────────

$3xy - 2y$ に，$x = -4,\ y = 3$ を代入すると，

$3xy - 2y = 3 \times (\boxed{-4}) \times \boxed{3} - 2 \times \boxed{3}$

$= -\boxed{36} - \boxed{6}$

$= \boxed{-42}$

ポイント
負の数はかっこを
つけて代入します。

答 $\boxed{-42}$

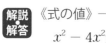 (25)　$x^2 - 4x^2y$

解説・解答　《式の値》——————————————————

　$x^2 - 4x^2y$ に，$x = -4$，$y = 3$ を代入すると，

　$x^2 - 4x^2y$

$= (\boxed{-4})^2 - 4 \times (\boxed{-4})^2 \times \boxed{3}$

$= \boxed{16} - \boxed{192} = \boxed{-176}$　　　　　　**答**　$\boxed{-176}$

　式の値

重要　　文字式に数値を代入して計算した結果を**式の値**といいます。

8　次の方程式を解きなさい。

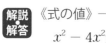 (26)　$2x - 7 = 5x + 11$

解説・解答　《1 次方程式》——————————————————

$$2x - 7 = 5x + 11$$

　-7，$\boxed{5x}$ を移項すると，

$$2x - \boxed{5x} = 11 + \boxed{7}$$

$$\boxed{-3x} = \boxed{18}$$

$$x = \boxed{-6}$$　　　　　　**答**　$x = \boxed{-6}$

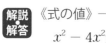 (27)　$\dfrac{x-2}{4} = \dfrac{2x+3}{6}$

解説・解答　《1 次方程式》——————————————————

$$\dfrac{x-2}{4} = \dfrac{2x+3}{6}$$

両辺を $\boxed{12}$ 倍すると，
$$\boxed{3}(x-2) = \boxed{2}(2x+3)$$
$$\boxed{3x} - 6 = \boxed{4x} + 6$$
$-6,\ \boxed{4x}$ を移項すると，
$$\boxed{3x} - \boxed{4x} = 6 + 6$$
$$\boxed{-x} = \boxed{12}$$
$$x = \boxed{-12}$$

両辺に分母の最小公倍数をかけて，x の係数を整数にします。

答 $x = \boxed{-12}$

9 次の問いに答えなさい。

□ (28) a 個のみかんを 1 人に 3 個ずつ配ると b 個余ります。みかんを配った人数は何人ですか。$a,\ b$ を用いて表しなさい。

解説・解答 《商と余り》 ────────────────

a 個のみかんから余った b 個をひくと，配ったみかんの数になります。

したがって，配った人数は，$\dfrac{a-b}{3}$ 人です。　　答 $\dfrac{a-b}{3}$ 人

□ (29) y は x に比例し，$x=2$ のとき $y = \dfrac{1}{4}$ です。y を x の式で表しなさい。

解説・解答 《比例》 ────────────────

y が x に比例するとき，求める式は $y = ax$（a は比例定数）と表すことができます。

$x = 2$ のとき $y = \dfrac{1}{4}$ ですから，$\boxed{\dfrac{1}{4}} = a \times \boxed{2}$

したがって，　　　$a = \boxed{\dfrac{1}{8}}$

比例の式は，　　　$y = \boxed{\dfrac{1}{8}\,x}$　　　答 $y = \dfrac{1}{8}\,x$

問題 ◀ p.38 135

（30） y は x に反比例し，$x = 6$ のとき，$y = 3$ です。$x = 10$ のときの y の値を求めなさい。

 《反比例》——————————————

y が x に反比例するとき，$y = \dfrac{a}{x}$（a は比例定数）と表すことができます。

$x = 6$ のとき $y = 3$ ですから，

$$\boxed{3} = \dfrac{a}{\boxed{6}}$$

したがって，　　　　　　$a = \boxed{3} \times \boxed{6} = \boxed{18}$

反比例の式は，　　　　　$y = \dfrac{\boxed{18}}{x}$

この式に，$x = 10$ を代入すると，

$$y = \dfrac{\boxed{18}}{\boxed{10}} = \dfrac{\boxed{9}}{\boxed{5}} \qquad\qquad 答 \quad y = \dfrac{\boxed{9}}{\boxed{5}}$$

比例

　y が x の関数で，

$$y = ax \text{（a は比例定数）}$$

という式で表されるとき，y は x に**比例する** といいます。

反比例

　y が x の関数で，

$$y = \dfrac{a}{x} \text{（a は比例定数）}$$

という式で表されるとき，y は x に**反比例する** といいます。

1 次の立体の体積を求め，単位をつけて答えなさい。ただし，円周率は π とします。 （測定技能）

☐ (1) 円柱の上に円錐をのせた立体。

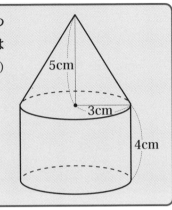

 《立体の体積》

円柱の体積と円錐の体積を分けて計算します。

$$（円柱の体積）= \pi \times \boxed{3^2} \times 4$$
$$= \boxed{36\pi}\,(\text{cm}^3)$$
$$（円錐の体積）= \frac{1}{3}\pi \times \boxed{3^2} \times 5$$
$$= \boxed{15\pi}\,(\text{cm}^3)$$

したがって，求める立体の体積は，
$$\boxed{36\pi} + \boxed{15\pi} = \boxed{51\pi}\,(\text{cm}^3)$$

答 $\boxed{51\pi\,\text{cm}^3}$

☐ (2) 直方体から，底面の半径が 2cm の円柱を切り取った立体。

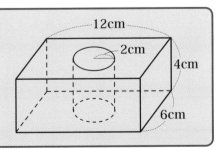

問題◀ p.38, p.40

《立体の体積》 ━━━━━━━━━━━━━━━━━━━ ⬛⬛⬛⬛

直方体の体積から円柱の体積をひきます。

(直方体の体積) $= 6 \times \boxed{12} \times \boxed{4}$

$= \boxed{288}\,(\text{cm}^3)$

(円柱の体積) $= \pi \times \boxed{2^2} \times 4$

$= \boxed{16\pi}\,(\text{cm}^3)$

したがって，求める体積は，$\boxed{288} - \boxed{16\pi}\,(\text{cm}^3)$

答 $\boxed{288 - 16\pi\ \text{cm}^3}$

> 重要
>
> **立体の体積**
>
> **直方体の体積＝たて×横×高さ**
>
> **角柱・円柱の体積＝底面積×高さ**
>
> **角錐・円錐の体積＝$\dfrac{1}{3}$×底面積×高さ**
>
> また，**半径が r の円の面積＝πr^2**

---

2 次の（ア）～（キ）の図形について，次の問いに答えなさい。

（ア）平行四辺形 （イ）長方形

（ウ）円   （エ）二等辺三角形

（オ）ひし形   （カ）正方形

（キ）正三角形

☐（3） 線対称であるが点対称でない図形はどれですか。

 《対称な図形》 ━━━━━━━━━━━━━━━━━━━ ⬛⬛⬛⬛

（ア）～（キ）の図形のうち，

線対称な図形……長方形，円，$\boxed{\text{二等辺三角形}}$，ひし形，正方形，$\boxed{\text{正三角形}}$

点対称な図形……平行四辺形，長方形，円，ひし形，正方形

したがって，線対称であるが点対称でない図形は，

　　　　二等辺三角形，　正三角形

　　　　　　　　　　　　　答　(エ)，(キ)

☐（4）　線対称でもあり，点対称でもある図形はどれですか。

 《対称な図形》─────────────────────

　　　（3）から，線対称でもあり，点対称でもある図形は，長方形，

円，ひし形，正方形です。

　　　　　　　　　　　　　答　(イ)，(ウ)，(オ)，(カ)

> ✎ 重要
>
> **線対称な図形**
> 　直線を折り目として折り返したとき，折り目の両側の部分がぴったり重なる図形を線対称な図形といいます。折り目の直線を対称の軸といいます。
>
> **点対称な図形**
> 　1つの点を中心に180°回転させたとき，もとの形とぴったりと重なる図形を点対称な図形といいます。中心にした点を対称の中心といいます。

3　ある肉屋さんに10kgの牛肉のブロックがあり，100gあたり300円で切り売りされていて，最低100gから買うことができます。この牛肉を xg 買ったときの値段を y 円とします。これについて，次の問いに答えなさい。ただし，消費税は考えないものとします。

☐（5）　x の変域を求めなさい。　　　　　　　　　（表現技能）

《比例の利用》──────────────── ◍◍◍

牛肉は最低 $\boxed{100}$ g から買うことができて，肉屋さんにある牛肉のブロックは 10kg $=$ $\boxed{10000}$ g なので，x の変域は，

$$\boxed{100 \leqq x \leqq 10000}$$

答 $\boxed{100 \leqq x \leqq 10000}$

□ (6) y を x の式で表しなさい。 （表現技能）

《比例の利用》──────────────── ◍◍◍

y は x に比例していると考えられるので，式は $y = ax$（a は比例定数）と表すことができます。$x = \boxed{100}$ のとき $y = \boxed{300}$ ですから，$\boxed{300} = a \times \boxed{100}$

$$a = \boxed{3}$$

したがって，求める式は $y = \boxed{3x}$

答 $y = \boxed{3x}$

□ (7) Aさんは 2400 円持っています。この牛肉を何 g まで買うことができますか。

《比例の利用》──────────────── ◍◍◍

(6) で求めた式 $y = \boxed{3}x$ に，$y = \boxed{2400}$ を代入します。

$$\boxed{2400} = \boxed{3}x$$

$$x = \boxed{2400} \div \boxed{3} = \boxed{800}$$

したがって，Aさんは $\boxed{800}$ g まで買うことができます。

答 $\boxed{800}$ g

---

4 1，2，3，4，5 の5つの数字から3つの数字を選び，一列に並べて3けたの整数をつくります。このとき，次の問いに答えなさい。

□ (8) 3けたの整数は何通りできますか。

《並べ方》

百の位の数が1のとき，下の樹形図に示したように12通りの整数ができます。

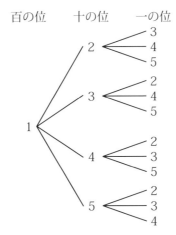

百の位　　十の位　　一の位

同じように，百の位が2, 3, 4, 5の場合についても，それぞれ12通りずつできます。

したがって，3けたの整数は，全部で，

$$12 \times 5 = 60 \text{（通り）}$$

答　60通り

□ **(9)　3けたの整数が4の倍数になる場合は何通りありますか。**

《並べ方》

3けたの整数が4の倍数になるのは，下2けたが4の倍数になる場合です。

これより，下2けたは12, 24, 32, 52の4通りできます。

それぞれについて，百の位は下2けたで使った数以外の3通りずつ考えられます。

したがって，3けたの整数の4の倍数は，

$$4 \times 3 = 12 \text{（通り）}$$

答　12通り

問題◀ p.41

5 A君が家から3km離れた駅に向かって，毎分60mの速さで歩いて家を出ました。A君の弟は，A君が家を出てから20分たって，同じ道を自転車で追いかけました。弟ははじめ，毎分150mの速さで追いかけましたが，5分たってもA君に追いつけませんでした。そこで，弟はこのままではA君が駅につくまでに追いつけないと思い，その後は毎分210mの速さで追いかけました。このとき，次の問いに答えなさい。

☐ **(10)** 弟が毎分210mの速さで追いかけてからx分後にA君に追いつくものとして，方程式をつくりなさい。

 《1次方程式の応用》

弟がA君に追いついた地点までに進んだ距離は，弟もA君も等しい。

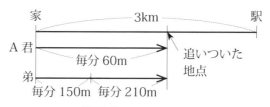

整理すると，$\underbrace{150 \times 5 + \boxed{210x}}_{\text{弟の進んだ距離}} = \underbrace{60 \times (20 + 5 + \boxed{x})}_{\text{A君の進んだ距離}}$

$$750 + 210x = \boxed{1500 + 60x}$$

答 $\boxed{750 + 210x = 1500 + 60x}$

追いついた地点で，弟の進んだ距離とA君の進んだ距離とが等しいことに目をつけて方程式をつくります。

☐ **(11)** 弟は，出発してから何分後にA君に追いつきますか。

 《1次方程式の応用》

(10)の方程式を解くと，

$$750 + 210x = \boxed{1500 + 60x}$$
$$210x - \boxed{60x} = 1500 - \boxed{750}$$
$$\boxed{150x} = \boxed{750}$$
$$x = \boxed{5}$$

弟は，出発して 5 分たってから毎分 210m の速さで追いかけ，その $\boxed{5}$ 分後に A 君に追いつきます。

答 $\boxed{10}$ 分後

---

6 $y = -\dfrac{20}{x}$ のグラフについて，次の問いに答えなさい。

□ (12) x の値が 3 から 4 に増加するときの，y の値の増加量を求めなさい。

《反比例》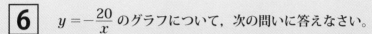

$x = 3$ のとき，$y = \boxed{-\dfrac{20}{3}}$

$x = 4$ のとき，$y = \boxed{-\dfrac{20}{4}} = \boxed{-5}$

したがって，y の増加量は，

$$\boxed{-5} - \left(\boxed{-\dfrac{20}{3}}\right) = \boxed{-5} + \boxed{\dfrac{20}{3}}$$
$$= \boxed{\dfrac{5}{3}}$$

答 $\boxed{\dfrac{5}{3}}$

□ (13) この関数のグラフ上の点から x 軸に垂直にひいた線分の中点をとるとき，これらの中点を通るグラフの式を求めなさい。

《反比例の式》

この関数のグラフ上の点から x 軸に垂直にひいた線分の中点の y 座標は，もとの $y = -\dfrac{20}{x}$ のグラフの y 座標の値の $\boxed{\dfrac{1}{2}}$ です。

問題 ◀ p.42　143

したがって、 $\qquad y = -\dfrac{20}{x} \times \boxed{\dfrac{1}{2}}$

$\qquad\qquad\qquad = \boxed{-\dfrac{10}{x}}$ 　　**答** $\boxed{y = -\dfrac{10}{x}}$

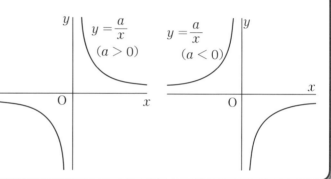

重要 反比例の式

　y が x に反比例するとき，$y = \dfrac{a}{x}$（ a は比例定数）
と表します。

反比例のグラフ

　関数 $y = \dfrac{a}{x}$ のグラフは，原点について対称な**双曲線**です。

$y = \dfrac{a}{x}$ $(a > 0)$ 　　$y = \dfrac{a}{x}$ $(a < 0)$

---

7 次の数量の関係を表す式を書きなさい。

□（14）　100 人のうち，a %の人に弟がいます。このとき，弟のいない人は b 人です。

解説 解答 《数量の関係》 ─────────────────────── ■■□□

　100 人の a %は，　$100 \times \boxed{\dfrac{a}{100}} = \boxed{a}$（人）

　したがって，弟のいない人は，（$\boxed{100 - a}$）人です。

　よって，

$\qquad\qquad\qquad b = \boxed{100 - a}$ 　　**答** $\boxed{b = 100 - a}$

（15）　整数 y を，0 でない整数 x でわったときの商は a で，余り
は b です。ただし，$0 \leqq b < x$ とします。

《数量の関係》──────────────────

わられる数＝わる数×商＋余り ですから，

$$y = xa + \boxed{b}$$

すなわち，

$$y = ax + \boxed{b}$$

答　$\boxed{y = ax + b}$

重要　商と余りの関係

わられる数＝わる数×商＋余り

ただし，$0 \leqq$ 余り＜わる数

8　次の立体の表面積を単位をつけて求めなさい。ただし，円周
率は π とします。　　　　　　　　　　　　　（測定技能）

□（16）　正四角錐

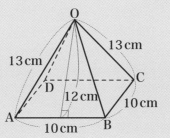

《正四角錐の表面積》──────────────

側面積は，$\dfrac{1}{2} \times \boxed{10} \times 12 \times \boxed{4} = \boxed{240}$（cm²）

底面積は，$\boxed{10} \times \boxed{10} = \boxed{100}$（cm²）

したがって，表面積は，

$$\boxed{240} + \boxed{100} = \boxed{340}（\text{cm}^2）$$

答　$\boxed{340\ \text{cm}^2}$

（17）　円錐

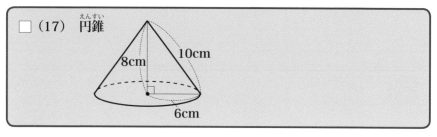

 《円錐の表面積》 ———————————————————————————— ⬤⬤⬤◻

側面積は，　$\pi \times \boxed{10}^2 \times \dfrac{2\pi \times 6}{2\pi \times 10} = \boxed{60\pi}$　（cm²）

底面積は，　$\pi \times \boxed{6}^2 = \boxed{36\pi}$　（cm²）

したがって，表面積は，

$\boxed{60\pi} + \boxed{36\pi} = \boxed{96\pi}$　（cm²）　　　　**答**　$\boxed{96\pi \text{ cm}^2}$

円錐の側面積の簡単な求め方

　円錐の母線の長さ R と底面の円の半径 r がわかっているとき，

円錐の側面積は，　$\pi R^2 \times \dfrac{2\pi r}{2\pi R} = \pi R r$

すなわち，**円錐の側面積 $= \pi R r$** で求めることができます。

　この求め方は，解答時間に制限があるときに便利です。

> **角錐・円錐の表面積**
> **角錐・円錐の表面積＝側面積＋底面積**

9　1 から 100 までの自然数について，次の問いに答えなさい。

◻**（18）**　13 の倍数は全部で何個ありますか。

 《倍数》 ———————————————————————————— ⬤⬤⬤◻

　小さいほうから順に書き並べます。13 の倍数は，

$13 \times 1 = 13$,　$13 \times 2 = 26$,　$13 \times 3 = 39$,　$13 \times 4 = 52$,

$13 \times 5 = 65$,　$13 \times \boxed{6} = \boxed{78}$,　$13 \times \boxed{7} = \boxed{91}$

$13 \times 8 = 104$ は，100 より大きくなります。

したがって，1 から 100 までの中の 13 の倍数は，

$$13, \ 26, \ 39, \ 52, \ 65, \ 78, \ 91$$

で，全部で $\boxed{7}$ 個あります。　　　　　　　　　　　答　$\boxed{7}$ 個

□ （19）　4 でも 8 でもわり切れる数は全部で何個ありますか。

 《倍数と約数》──────────────────── 📖📖📖

　　4 でも 8 でもわりきれる整数は，4 と 8 の公倍数ですから，4 と 8 の最小公倍数 $\boxed{8}$ の倍数になります。

　　1 から 100 までの自然数の中で，$\boxed{8}$ の倍数は，

$$8, \ 16, \ 24, \ 32, \ 40, \ 48, \ 56, \ 64, \ 72, \ 80, \ 88, \ 96$$

で，全部で $\boxed{12}$ 個あります。　　　　　　　　　　答　$\boxed{12}$ 個

□ （20）　3 と 5 の公倍数は全部で何個ありますか。

 《公倍数》──────────────────── 📖📖📖

　　3 と 5 の最小公倍数は $\boxed{15}$ です。したがって，3 と 5 の公倍数は $\boxed{15}$ の倍数ですから，

$$15, \ 30, \ 45, \ 60, \ 75, \ 90$$

　　よって，1 から 100 までの自然数の中に，3 と 5 の公倍数は全部で $\boxed{6}$ 個あります。　　　　　　　　　　答　$\boxed{6}$ 個

倍数と公倍数

　　ある整数を整数倍してできる数を，もとの整数の**倍数**といいます。いくつかの整数に共通な倍数を，それらの整数の**公倍数**といいます。

約数と公約数

　　ある整数をわりきることのできる整数を，もとの整数の**約数**といいます。いくつかの整数に共通な約数を，それらの整数の**公約数**といいます。

第4回 1次 計算技能

1 次の計算をしなさい。

□ (1) 160 × 0.42

解説 解答 《(整数)×(小数)の計算》—————————

筆算で計算します。

```
          1 6 0  ←小数部分0けた ┐
        ×0.4 2  ←小数部分2けた ┤
          3 2 0
        6 4 0
        6 7.2 0  ←小数部分2けた ←
```

160 × 0.42 = 67.2 ……答

□ (2) 0.62 × 4.5

解説 解答 《(小数)×(小数)の計算》—————————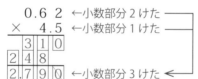

筆算で計算します。

```
          0.6 2  ←小数部分2けた ┐
        ×   4.5  ←小数部分1けた ┤
          3 1 0
        2 4 8
        2.7 9 0  ←小数部分3けた ←
```

0.62 × 4.5 = 2.79 ……答

小数のかけ算の筆算のしかた

① 小数がないものとして，整数のかけ算と同じように計算します。

② 積の小数点は，積の小数部分のけた数が，かけられる数とかける数の小数部分のけた数の和になるようにうちます。

---

(3)　4.8 ÷ 0.016

 《（小数）÷（小数）の計算》——————　◻️◻️◻️◻️

筆算で計算します。

$$
0.016\overline{)4.800}
$$

←③わられる数の小数点の位置に合わせます。
←①わる数が整数になるように，小数点を右に移します。
②わられる数の小数点も同じけただけ右に移します。

$$4.8 \div 0.016 = \boxed{300} \ \cdots\cdots 答$$

小数のわり算の筆算のしかた

① わる数が整数になるように，小数点を右に移します。

② わられる数の小数点も，①で移した分だけ右に移します。

③ 商の小数点の位置は，わられる数の移した小数点にそろえます。

 (4)　$\dfrac{1}{4}+\dfrac{8}{7}$

《（分数）＋（分数）の計算》——————　◻️◻️◻️◻️

$$\dfrac{1}{4}+\dfrac{8}{7}$$

4と7の最小公倍数28を共通な分母にして通分します。

$$=\dfrac{\boxed{7}}{28}+\dfrac{\boxed{32}}{28}$$

$$=\boxed{\dfrac{39}{28}}\ \left(\boxed{1\dfrac{11}{28}}\right)\ \cdots\cdots 答$$

 分数のたし算

分母のちがう分数のたし算は，通分して計算します。

例 $\dfrac{3}{4}+\dfrac{1}{6}=\dfrac{9}{12}+\dfrac{2}{12}=\dfrac{11}{12}$

4と6の最小公倍数12を共通な分母にして通分します。

1次

第4回　解説・解答

問題◀ p.46　149

(5) $\dfrac{9}{16} - \dfrac{1}{2}$

解説解答 《（分数）－（分数）の計算》

$$\dfrac{9}{16} - \dfrac{1}{2}$$

16と2の最小公倍数16を共通な分母にして通分します。

$$= \dfrac{9}{16} - \boxed{\dfrac{8}{16}}$$

$$= \boxed{\dfrac{1}{16}} \quad \cdots\cdots \text{答}$$

✏️ **重要**

分数のひき算

　　分母のちがう分数のひき算は，通分して計算します。

例 $\dfrac{3}{4} - \dfrac{1}{3} = \dfrac{9}{12} - \dfrac{4}{12} = \dfrac{5}{12}$

4と3の最小公倍数12を共通な分母にして通分します。

---

 (6) $\dfrac{12}{11} - \left(\dfrac{5}{4} - 1\dfrac{1}{2} \right)$

解説解答 《分数の計算》

$$\dfrac{12}{11} - \left(\dfrac{5}{4} - 1\dfrac{1}{2} \right)$$

帯分数を仮分数になおします。

$$= \dfrac{12}{11} - \left(\dfrac{5}{4} - \boxed{\dfrac{3}{2}} \right)$$

（　）の中を通分します。

$$= \dfrac{12}{11} - \left(\dfrac{5}{4} - \boxed{\dfrac{6}{4}} \right)$$

（　）の中を計算します。

$$= \dfrac{12}{11} - \left(\boxed{-\dfrac{1}{4}} \right)$$

項を並べる形にして，通分します。

$$= \boxed{\dfrac{48}{44}} + \boxed{\dfrac{11}{44}}$$

$$= \boxed{\dfrac{59}{44}} \quad \left(\boxed{1\dfrac{15}{44}} \right) \quad \cdots\cdots \text{答}$$

---

(7) $63 \times \dfrac{5}{28}$

解説・解答 《(整数)×(分数)の計算》

$$63 \times \frac{5}{28}$$

計算の途中で約分します！

$$= \frac{\overset{9}{63} \times \boxed{5}}{\underset{4}{28}}$$

$$= \frac{\boxed{45}}{4} \quad \left(\boxed{11\frac{1}{4}} \right) \quad \cdots\cdots 答$$

重要 **整数×分数の計算**

　整数に分数をかける計算では，分母はそのままにして，整数と分子をかけます。

$$a \times \frac{c}{b} = \frac{a \times c}{b}$$

---

 (8) $3\dfrac{1}{5} \times \dfrac{7}{36}$

解説・解答 《(分数)×(分数)の計算》

$$3\frac{1}{5} \times \frac{7}{36}$$

帯分数は仮分数になおします。

$$= \frac{\boxed{16}}{5} \times \frac{7}{36}$$

分母どうし，分子どうしをかけます。

$$= \frac{\overset{4}{16} \times 7}{5 \times \underset{9}{36}}$$

←約分します。

$$= \frac{\boxed{28}}{45} \quad \cdots\cdots 答$$

途中で約分できるときは，約分します。

分数×分数の計算

分数に分数をかける計算では，分母どうし，分子どうしをかけます。

$$\frac{b}{a} \times \frac{d}{c} = \frac{b \times d}{a \times c}$$

□ (9) $54 \div \dfrac{6}{17}$

 《(整数)÷(分数)の計算》 ─────────────────── ◯◯◯◯

$$54 \div \frac{6}{17}$$

$$= \overset{9}{54} \times \frac{17}{\underset{1}{6}}$$

わる数の逆数をかけます。

$$= \boxed{153} \quad \cdots\cdots 答$$

□ (10) $1\dfrac{1}{6} \div 1\dfrac{1}{48}$

 《(分数)÷(分数)の計算》 ─────────────────── ◯◯◯◯

$$1\frac{1}{6} \div 1\frac{1}{48}$$

$$= \frac{7}{6} \div \boxed{\frac{49}{48}}$$

帯分数を仮分数になおします。

$$= \frac{7}{\underset{1}{6}} \times \frac{\overset{8}{48}}{\underset{7}{49}} = \boxed{\frac{8}{7}} \quad \left(\boxed{1\frac{1}{7}}\right) \quad \cdots\cdots 答$$

わる数の逆数をかけます。

分数÷分数の計算

分数を分数でわる計算では，わる数の逆数をかけます。

$$\frac{b}{a} \div \frac{d}{c} = \frac{b}{a} \times \frac{c}{d}$$

□ (11)　$\dfrac{4}{5} \times 1\dfrac{9}{16} \div 1\dfrac{1}{3}$

 《かけ算とわり算のまじった分数の計算》 ──── ■■□□

$$\dfrac{4}{5} \times 1\dfrac{9}{16} \div 1\dfrac{1}{3}$$

帯分数を仮分数になおします。

$$= \dfrac{4}{5} \times \boxed{\dfrac{25}{16}} \div \dfrac{4}{3}$$

かけ算だけの式をつくります。

$$= \dfrac{4}{5} \times \boxed{\dfrac{25}{16}} \times \boxed{\dfrac{3}{4}}$$

約分していない答えは
不正解になります。

$$= \dfrac{\overset{1}{4} \times \overset{5}{25} \times 3}{\underset{1}{5} \times \underset{1}{16} \times \underset{1}{4}}$$　←約分します。

$$= \boxed{\dfrac{15}{16}}　\cdots\cdots\text{答}$$

　かけ算とわり算のまじった分数の計算

　かけ算とわり算のまじった計算では、逆数を使って，かけ算だけの式になおして計算します。

$$\dfrac{b}{a} \times \dfrac{d}{c} \div \dfrac{f}{e} = \dfrac{b}{a} \times \dfrac{d}{c} \times \dfrac{e}{f}$$

□ (12)　$42 \div \left(2\dfrac{1}{6} - 1\dfrac{2}{3}\right)$

 《分数の四則計算》 ────────────

$$42 \div \left(2\dfrac{1}{6} - 1\dfrac{2}{3}\right)$$

帯分数を仮分数になおし，通分します。

$$= 42 \div \left(\boxed{\dfrac{13}{6}} - \dfrac{10}{6}\right)$$

$$= 42 \div \boxed{\dfrac{1}{2}}$$

わる数の逆数をかけます。

$$= 42 \times \boxed{2}$$

$$= \boxed{84}　\cdots\cdots\text{答}$$

2 次の（　）の中の数の最大公約数を求めなさい。

□ (13) （24, 60）

解説・解答 《最大公約数》

$$
\begin{array}{r|rr}
2) & 24 & 60 \\ \hline
2) & 12 & 30 \\ \hline
3) & 6 & 15 \\ \hline
& 2 & 5 \\
\end{array}
$$
……公約数 2 でわります。
……公約数 2 でわります。
……公約数 3 でわります。
……公約数は 1 以外にありません。

最大公約数は $\boxed{2} \times \boxed{2} \times \boxed{3} = \boxed{12}$　　　　　**答** $\boxed{12}$

□ (14) （25, 125, 225）

解説・解答 《最大公約数》

$$
\begin{array}{r|rrr}
5) & 25 & 125 & 225 \\ \hline
5) & 5 & 25 & 45 \\ \hline
& 1 & 5 & 9 \\
\end{array}
$$
……公約数 5 でわります。
……公約数 5 でわります。
……公約数は 1 以外にありません。

最大公約数は $\boxed{5} \times \boxed{5} = \boxed{25}$　　　　　**答** $\boxed{25}$

 最大公約数の求め方
重要

例　12 と 16 の最大公約数の求め方

$$
\begin{array}{r|rr}
2) & 12 & 16 \\ \hline
2) & 6 & 8 \\ \hline
& 3 & 4 \\
\end{array}
$$
……公約数 2 でわります。
……公約数 2 でわります。
……公約数は 1 以外にありません。

最大公約数は，$2 \times 2 = 4$

---

3 次の（　）の中の最小公倍数を求めなさい。

□ (15) （9, 15）

《最小公倍数》

```
3)  9   15  ……公約数3でわります。
    3    5
```

したがって，最小公倍数は $3 \times 3 \times 5 = 45$

答 45

それぞれの倍数を書きだします。

9の倍数……9，18，27，36，45，54，…

15の倍数……15，30，45，…

したがって，最小公倍数は45

答 45

☐ (16) （12，18，24）

《最小公倍数》

```
2) 12   18   24  ……公約数2でわります。
3)  6    9   12  ……公約数3でわります。
2)  2    3    4  ……2と4の公約数2でわります。
    1    3    2
```

したがって，最小公倍数は $2 \times 3 \times 2 \times 1 \times 3 \times 2 = 72$

答 72

それぞれの倍数を書きだします。

12の倍数……12，24，36，48，60，72，84，…

18の倍数……18，36，54，72，…

24の倍数……24，48，72，…

したがって，最小公倍数は72

答 72

4 次の比をもっとも簡単な整数の比にしなさい。

□ (17)　63：91

《比を簡単にする》 ────────────────── ◻◻◻◻

　　63：91

　= (63 ÷ 7)：(91 ÷ 7)…63 と 91 の最大公約数でわります。

　= 9 ： 13

答　9：13

□ (18)　$\dfrac{3}{4} : \dfrac{5}{6}$

《比を簡単にする》 ────────────────── ◻◻◻◻

　　$\dfrac{3}{4} : \dfrac{5}{6}$

　$= \left(\dfrac{3}{4} \times \boxed{12}\right) : \left(\dfrac{5}{6} \times \boxed{12}\right)$ ⟩ 12 倍して整数の比で表します。

　$= 9 : 10$

答　9：10

---

5 次の式の□にあてはまる数を求めなさい。

□ (19)　4：5 =□：85

《比の性質》 ────────────────── ◻◻◻◻

　　　　　4：5 =□：85

　　　 4 × 85 = 5 ×□

　　　　□= 4 × 85 ÷ 5 = 68

ポイント　比例式の性質
$a : b = c : d$ ならば $ad = bc$

答　68

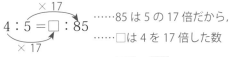

4：5に同じ数をかけたり，4：5を同じ数でわったりしてできる比は，4：5と等しい比になります。

$$4 : 5 = \Box : 85$$

×17

……85は5の17倍だから，

……□は4を17倍した数

$$\Box = 4 \times \boxed{17} = \boxed{68}$$

答 $\boxed{68}$

□ (20)　21：□＝ 4.5：15

 《比の性質》———————————

4.5：15 ＝ 3：10 ですから，

$$21 : \Box = 3 : 10$$

比例式の性質
$a : b = c : d$ ならば $ad = bc$

$$\boxed{21} \times \boxed{10} = \boxed{\Box} \times \boxed{3}$$

$$\Box = \boxed{21} \times \boxed{10} \div \boxed{3} = \boxed{70}$$

答 $\boxed{70}$

6 次の計算をしなさい。

□ (21)　$(-14) - (-6) - (+10)$

 《正負の数の加法・減法》———————————

$(-14) - (-6) - (+10)$

項を並べた式で表します。

$$= -14 + \boxed{6} - \boxed{10}$$

$$= \boxed{-18}$$

答 $\boxed{-18}$

□ (22)　$(-4)^2 + 3 \times (-2^4)$

 《正負の数の四則計算》———————————

$(-4)^2 + 3 \times (-2^4)$

$$= \boxed{16} + 3 \times (\boxed{-16})$$

$$= \boxed{16} - \boxed{48}$$

$$= \boxed{-32}$$

答 $\boxed{-32}$

計算の順序

① かっこをふくむ式は，かっこの中を先に計算します。

② 累乗のある式は，累乗を先に計算します。

③ 乗法や除法は，加法や減法より先に計算します。

□ (23)　$7(6x - 5) - 6(3x + 1)$

 《1次式の加法・減法》 ———————————————— 🔲🔳🔳🔳

$7(6x - 5) - 6(3x + 1)$

$= \boxed{42x} - \boxed{35} - \boxed{18x} - \boxed{6}$　⎫ かっこをはずします。

$= \boxed{24x - 41}$　⎫ 同じ項どうし，数の項どうしを
　　　　　　　　　　　　まとめます。

答　$\boxed{24x - 41}$

 1次式の加法・減法

　文字が同じ項どうし，数の項どうしを集めて，それぞれまとめます。

7 $x = -3$ のとき，次の式の値を求めなさい。

□ (24)　$2x - 9$

 《式の値》 ———————————————————————— 🔳🔲🔳🔳

$2x - 9$ に，$x = -3$ を代入すると，

$2x - 9 = 2 \times (\boxed{-3}) - 9 = \boxed{-15}$　　　答　$\boxed{-15}$

□ (25)　$4x^2 + 10$

《式の値》—————————————————————

$4x^2 + 10$ に，$x = -3$ を代入すると，

$4x^2 + 10 = 4 \times (\boxed{-3})^2 + 10$

$= \boxed{36} + 10$

$= \boxed{46}$　　　　　　　　　　　　答　$\boxed{46}$

 式の値

文字式に数値を代入して計算した結果を式の値といいます。

8 次の方程式を解きなさい。

☐ (26)　$6x - 5 = x + 20$

 《1次方程式》—————————————————————

$6x - 5 = x + 20$

-5, $\boxed{x}$ を移項すると，

$6x - \boxed{x} = 20 + \boxed{5}$

$\boxed{5x} = \boxed{25}$

$x = \boxed{5}$　　　　　　　　　　答　$x = \boxed{5}$

☐ (27)　$\dfrac{x-1}{2} = \dfrac{5x+10}{4}$

 《1次方程式》—————————————————————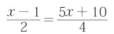

$\dfrac{x-1}{2} = \dfrac{5x+10}{4}$

両辺を $\boxed{4}$ 倍すると，

$\boxed{2}(x-1) = 5x + 10$

$\boxed{2x} - 2 = \boxed{5x} + \boxed{10}$

-2, $\boxed{5x}$ を移項すると，

両辺に分母の最小公倍数をかけて，x の係数を整数にします。

$$2x - \boxed{5x} = 10 + \boxed{2}$$
$$\boxed{-3x} = \boxed{12}$$
$$x = \boxed{-4} \qquad\qquad \text{答} \quad x = \boxed{-4}$$

1次方程式の解き方

① 係数に小数や分数があるときは，両辺に適当な数をかけて，係数を整数にします。かっこがあればはずします。

② 移項して，文字がある項どうし，数の項どうしを集めます。

③ 両辺を整理して $ax = b$ の形にします。

④ 両辺を x の係数でわります。

---

9 次の問いに答えなさい。

☐ (28) たて $x$cm，横 $y$cm，高さ $z$cm の直方体の表面積は何cm² ですか。x, y, z を使って表しなさい。

 《直方体の表面積》━━━━━━━━━━━━━━━━

右の図からわかるように，表面積は，

$xy \times 2 + yz \times 2 + zx \times 2$

$= \boxed{2xy + 2yz + 2zx}$ (cm²)

答 $\boxed{2xy + 2yz + 2zx}$ (cm²)

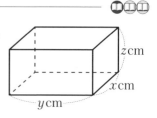

☐ (29) y は x に比例し，$x = 4$ のとき $y = -20$ です。$y = 40$ のときの x の値を求めなさい。

 《比例》━━━━━━━━━━━━━━━━━━━━━

y が x に比例するとき，求める式は $y = ax$（a は比例定数）と表すことができます。

$x = 4$ のとき $y = -20$ ですから，$\boxed{-20} = a \times 4$

したがって，　　　　　$a = \boxed{-5}$

比例の式は，　　　　$\boxed{y = -5x}$

この式に，$y = 40$ を代入すると，　$\boxed{40} = -5x$

　　　　　　　　　　$x = \boxed{-8}$　　　　　**答**　$x = \boxed{-8}$

□（30）　y は x に反比例し，$x = -1$ のとき $y = 3$ です。$x = 3$ のときの y の値を求めなさい。

《反比例》————————————————————————

　y が x に反比例するとき，$y = \dfrac{a}{x}$（a は比例定数）と表すことができます。

　$x = -1$ のとき $y = 3$ ですから，

$$\boxed{3} = \frac{a}{\boxed{-1}}$$

したがって，　　　　　$a = \boxed{3} \times \boxed{(-1)} = \boxed{-3}$

反比例の式は，　　　　$y = \boxed{-\dfrac{3}{x}}$

この式に，$x = 3$ を代入すると，

$$y = -\frac{3}{\boxed{3}} = \boxed{-1}$$　　　**答**　$y = \boxed{-1}$

　比例

　y が x の関数で，

$$y = ax \quad (a \text{ は比例定数})$$

という式で表されるとき，y は x に比例する といいます。

反比例

　y が x の関数で，

$$y = \frac{a}{x} \quad (a \text{ は比例定数})$$

という式で表されるとき，y は x に反比例する といいます。

第4回 2次 数理技能

1 　A 駅から 13km 離れた B 駅へ行くのに，最初は自転車で時速 16km で走りましたが，A 駅を出発してから x 時間後に自転車が故障したため，その後は時速 6km で歩き，出発してから 1 時間 45 分で B 駅に着きました。このとき，次の問いに答えなさい。

□（1）　道のりについて，方程式をつくりなさい。

 《1 次方程式》 ━━━━━━━━━━━━━━━━━━━━━━━━ 🔵🔵🔵🔘

速さ×時間＝道のり より，

（時速 16km で走った道のり）＋（時速 6km で歩いた道のり）

＝ 13km

ですから，　　　　　$\boxed{16x} + 6\left(1\dfrac{\boxed{45}}{60} - x\right) = \boxed{13}$

時速 16km ━━━━━ 時速 6km
x 時間 ━ $\left(1\dfrac{45}{60} - x\right)$時間

🈔 $16x + 6\left(1\dfrac{45}{60} - x\right) = 13$

┌─ **ワンポイント・アドバイス** ─────────
　答えは $16x + 6\left(1\dfrac{3}{4} - x\right) = 13$，または $16x + 6\left(\dfrac{7}{4} - x\right) = 13$
などでも正解です。
└──────────────────────────

□（2）　かかった時間について，方程式をつくりなさい。

 《1 次方程式》 ━━━━━━━━━━━━━━━━━━━━━━━━ 🔵🔵🔵🔘

時間＝道のり÷速さ より，

（時速 16km で走った時間）＋（時速 6 km で歩いた時間）

$$= 1\frac{45}{60}時間$$

ですから,

$$x + \frac{\boxed{13 - 16x}}{6} = 1\frac{45}{60}$$

$1\frac{45}{60}$ は, $1\frac{3}{4}$, または $\frac{7}{4}$ としてもいいですよ。

答 $\boxed{x + \dfrac{13 - 16x}{6} = 1\dfrac{45}{60}}$

2次

第4回　解説・解答

□ **(3)** x の値を求めなさい。

 《1次方程式の利用》————————————— ○○○

(1) の方程式を解きます。

$$16x + 6\left(\frac{7}{4} - x\right) = 13$$

かっこをはずすと,

$$16x + \boxed{\frac{21}{2}} - 6x = 13$$

$$16x - 6x = \boxed{\frac{26}{2}} - \frac{21}{2}$$

$$10x = \boxed{\frac{5}{2}}$$

$$x = \boxed{\frac{1}{4}}$$
答 $x = \boxed{\dfrac{1}{4}}$

 (2) の方程式を解きます。

$$x + \frac{13 - 16x}{6} = \frac{7}{4}$$

両辺を 12 倍すると,

$$12x + \boxed{2}(13 - 16x) = \boxed{21}$$

かっこをはずすと,

$$12x + \boxed{26} - 32x = \boxed{21}$$
$$12x - 32x = \boxed{21} - \boxed{26}$$
$$-20x = \boxed{-5}$$
$$x = \boxed{\dfrac{1}{4}}$$

答 $x = \dfrac{1}{4}$

 速さ・道のり・時間の関係

速さ＝道のり÷時間

道のり＝速さ×時間

時間＝道のり÷速さ

---

2 右の図は，∠ABC＝90°，AC＝4cm の直角二等辺三角形 ABC を，点 C を中心に

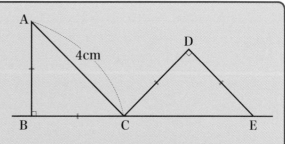

点 A が BC の延長上にくるまで時計回りに回転させたものです。このとき，次の問いに単位をつけて答えなさい。

☐ (4) ∠ACD の大きさを求めなさい。

 解説解答 《平面図形と角》 ──────────────────

直角二等辺三角形の底角は，

$(180° - 90°) \div 2 = \boxed{45°}$

なので，

∠ACB ＝∠DCE ＝ $\boxed{45°}$

よって，

∠ACD ＝∠BCE −(∠ACB ＋∠DCE)

＝ $180° - (\boxed{45°} + \boxed{45°})$

＝ $\boxed{90°}$

答 $\boxed{90°}$

(5) 点 A の描いた曲線と，辺 AC，CE で囲まれた図形の面積を求めなさい。ただし円周率を π とします。

解説・解答 《おうぎ形の面積》

$\angle\,\text{ACE} = \angle\,\text{ACD} + \angle\,\text{DCE}$

$= \boxed{90^\circ} + \boxed{45^\circ} = \boxed{135^\circ}$

点 A の描いた曲線は，点 C を中心とする中心角が $\boxed{135^\circ}$，半径 4cm のおうぎ形の弧です。したがって，

$\pi \times 4^2 \times \dfrac{\boxed{135}}{360} = \boxed{6\,\pi\ \text{cm}^2}$

答 $\boxed{6\,\pi\ \text{cm}^2}$

---

3 A さんは家族から 6000 円の小遣い<ruby>遣<rt>づか</rt></ruby>いをもらいました。そのうち 25% を貯金し，75% をサッカーボールを買うために使いました。このとき，次の問いに答えなさい。

 (6) サッカーボールを買うために使った金額はいくらですか。単位をつけて答えなさい。

解説・解答 《割合》

サッカーボールを買うために使った金額は，6000 円の 75%ですから，

$$\underset{\text{もとにする量}}{6000} \times \underset{\text{割合}}{\dfrac{\boxed{75}}{\boxed{100}}} = \underset{\text{比べられる量}}{\boxed{4500}}\ (\text{円})$$

答 $\boxed{4500\ \text{円}}$

---

 (7) サッカーボールを買うために使った金額は，貯金した金額の何倍ですか。

解説・解答 《割合》

$$\underset{\text{比べられる量}}{\boxed{0.75}} \div \underset{\substack{\text{もとに}\\\text{する量}}}{\boxed{0.25}} = \underset{\text{割合}}{\boxed{3}}$$

答 $\boxed{3}$ 倍

解説
別解

貯金した金額は，6000 円の 25% ですから，

$$6000 \times \underline{\frac{25}{100}} = \boxed{1500} \text{ (円)}$$
もとにする量　割合　比べられる量

したがって，

$$\underline{4500} \div \underline{\boxed{1500}} = \boxed{3}$$
比べら　もとに　割合
れる量　する量

答 $\boxed{3}$ 倍

4 　点A $(-m + 6,\ 4n)$，点B $(5m,\ 2n - 1)$ について，次の問いに答えなさい。

□ (8) 　2 点 A，B が x 軸について対称であるとき，点 B の座標を求めなさい。

解説
解答

《座標》────────────────────────────

点 A と x 軸について対称な点 B は，点 A と x 座標は同じで，y 座標は絶対値が等しく符号が逆の点です。

したがって，

$$\underline{-m + 6 = \boxed{5m}}$$
$$m = \boxed{1}$$

> **ポイント**
> 点 A と点 B の x 座標は等しい。

また，

$$\underline{\boxed{-4n} = 2n - 1}$$
$$n = \boxed{\frac{1}{6}}$$

> **ポイント**
> 点 B の y 座標は，点 A の y 座標と絶対値が等しく符号が逆。

よって，点 B の x 座標は，

$$5m = 5 \times \boxed{1} = \boxed{5}$$

y 座標は，

$$2n - 1 = 2 \times \boxed{\frac{1}{6}} - 1 = \boxed{-\frac{2}{3}}$$

答 $\left(\boxed{5},\ \boxed{-\frac{2}{3}} \right)$

□ (9) 2点 A, B の中点が $(4, 1)$ であるとき, m の値を求めなさい。

 《座標》────────────────────────

2点 A, B の中点の x 座標は,

$$\frac{(\boxed{-m+6})+\boxed{5m}}{2} = \boxed{2m+3} = 4$$

したがって, $m = \boxed{\dfrac{1}{2}}$

答 $m = \boxed{\dfrac{1}{2}}$

□ (10) (9) において, n の値を求めなさい。

 《座標》────────────────────────

2点 A, B の中点の y 座標は,

$$\frac{\boxed{4n}+(\boxed{2n-1})}{2} = \frac{\boxed{6n-1}}{2} = 1$$

したがって, $n = \boxed{\dfrac{1}{2}}$

答 $n = \boxed{\dfrac{1}{2}}$

 重要

対称な点の座標

点 $P(a, b)$ と

x 軸について対称な点 Q の座標は, $Q(a, -b)$

y 軸について対称な点 R の座標は, $R(-a, b)$

原点について対称な点 S の座標は, $S(-a, -b)$

中点の座標

2点 $P(a, b)$, $Q(c, d)$ の中点の座標は,

$$\left(\frac{a+c}{2}, \frac{b+d}{2} \right)$$

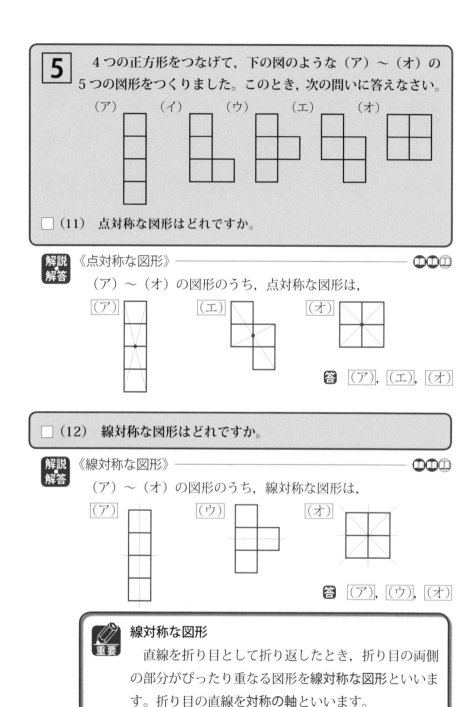

5 4つの正方形をつなげて，下の図のような（ア）〜（オ）の5つの図形をつくりました。このとき，次の問いに答えなさい。

（ア）　　（イ）　　（ウ）　　（エ）　　（オ）

□（11）　点対称な図形はどれですか。

解説解答　《点対称な図形》────────────────

（ア）〜（オ）の図形のうち，点対称な図形は，

[ア]　　　　　　　[エ]　　　　　　　[オ]

答　[ア]，[エ]，[オ]

□（12）　線対称な図形はどれですか。

解説解答　《線対称な図形》────────────────

（ア）〜（オ）の図形のうち，線対称な図形は，

[ア]　　　　　　　[ウ]　　　　　　　[オ]

答　[ア]，[ウ]，[オ]

✎ 重要　線対称な図形

　　直線を折り目として折り返したとき，折り目の両側の部分がぴったり重なる図形を線対称な図形といいます。折り目の直線を対称の軸といいます。

6 右の図は，下の①，②のグラフ です．x軸の正の部分を動く点を Pとし，点Pを通ってy軸に平 行な直線をひき，①，②のグラフ との交点をそれぞれ Q，R としま す．このとき，次の問いに答えな さい．

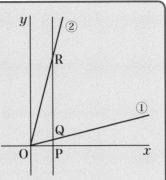

$$y = \frac{1}{4}x \quad (x \geqq 0) \quad \cdots\cdots①$$

$$y = 4x \quad (x \geqq 0) \quad \cdots\cdots②$$

☐ (13) 点Pのx座標が4のとき，RQの長さを求めなさい．

《比例のグラフ》——————————————————

点Rのy座標は，$y = 4 \times \boxed{4} = \boxed{16}$

点Qのy座標は，$y = \frac{1}{4} \times \boxed{4} = \boxed{1}$

したがって，RQ $= \boxed{16} - \boxed{1} = \boxed{15}$

答 $\boxed{15}$

☐ (14) 点Pの座標を$(a,\ 0)$とし，△QORの面積をSとすると き，Sをaを用いた式で表しなさい．

《比例のグラフ》——————————————————

点Pの座標が$(a,\ 0)$のとき，

点Rのy座標は，$y = \boxed{4a}$

点Qのy座標は，$y = \boxed{\frac{1}{4}}a$

したがって，RQ $= \boxed{4a} - \boxed{\frac{1}{4}}a = \boxed{\frac{15}{4}}a$

△ QOR において，底辺を RQ，高さを OP とすると，

$$S = \frac{1}{2} \times \boxed{\frac{15}{4}\,a} \times \boxed{a} = \boxed{\frac{15}{8}\,a^2}$$

答 $S = \boxed{\dfrac{15}{8}\,a^2}$

重要 比例のグラフ
比例 $y = ax$ のグラフは原点 O を通る直線です。

---

7 ①，②，③，④，⑤の数字が書かれている 5 枚のカードがあります。これらのカードから 2 枚を取り出して並べ，2 けたの整数をつくるとき，次の問いに答えなさい。

□（15） 2 けたの数が偶数になる場合は何通りありますか。

解説・解答 《並べ方》 ————————————————— 📖📖📖

2 けたの数が偶数になるのは，一の位が 2，または 4 のときです。次のような樹形図をかいて調べます。

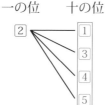

答 ⑧ 通り

□（16） 2 けたの数の十の位の数と一の位の数の和が奇数になる場合は何通りありますか。

解説・解答 《並べ方》 ————————————————— 📖📖📖

十の位の数と一の位の数の 2 つの整数の和が奇数になるのは，奇数と偶数の和の場合だけです。

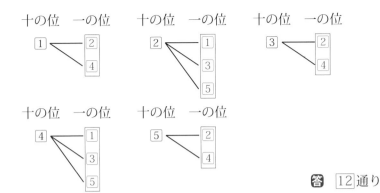

答　12 通り

 場合の数

重要　　場合の数を求めるときは，樹形図や表などを使って調べると便利です。また，次の例のように場合の数を並べて何通りあるか調べることもできます。

例　（15）の2けたの数が偶数になる場合

　　12　32　42　52　　　14　24　34　54

　　上の8通り。

 参考

2つの整数の和が奇数になる場合

　2つの整数の和が奇数になるのは，奇数＋偶数　の場合で，和が偶数になるのは，偶数＋偶数，奇数＋奇数　の場合です。

　偶数は2の倍数，奇数は2の倍数に1をたした数ですから，m,nを整数とすると，偶数は $2m$，奇数は $2n+1$ と表されます。

　偶数＋奇数　は，　$2m+(2n+1)=2(m+n)+1$

となり，奇数になります。

　偶数＋偶数　は，　$2m+2n=2(m+n)$

となり，偶数になります。

　奇数＋奇数　は，　$(2m+1)+(2n+1)=2(m+n+1)$

となるから，これも偶数になります。

8 あるクラスの授業でパソコンを使うことになりました。1台を3人ずつで使うと，使わないパソコンが1台でき，2人で使うパソコンが1台できます。また，1台を4人ずつで使うと，1人で使うパソコンが1台，使わないパソコンが4台できます。このとき，次の問いに答えなさい。　　　　（表現技能）

□ (17)　パソコンの台数を x 台として，方程式をつくりなさい。

 《1次方程式の利用》 ────────────── ◖◗◖◗

生徒の人数を x を用いて表します。

1台を3人ずつで使うとき，3人で使うパソコンは $(x-2)$ 台で，2人で使うパソコンが1台できますから，生徒の人数は，

$$\underset{\substack{(x-2)\text{台}\\ \text{を3人で}}}{3(x-2)} + \underset{\substack{1\text{台を}\\ 2\text{人で}}}{2\times1} + \underset{\text{残り1台}}{0\times1} \text{（人）}$$

$$\boxed{3(x-2)+2}\text{（人）}$$

1台を4人ずつで使うとき，4人で使うパソコンは $(x-5)$ 台で，1人で使うパソコンが1台できますから，生徒の人数は，

$$\underset{\substack{(x-5)\text{台}\\ \text{を4人で}}}{4(x-5)} + \underset{\substack{1\text{台を}\\ 1\text{人で}}}{1\times1} + \underset{\text{残り4台}}{0\times4} \text{（人）}$$

$$\boxed{4(x-5)+1}\text{（人）}$$

したがって，

$$\boxed{3(x-2)+2} = \boxed{4(x-5)+1}$$

答 $\boxed{3(x-2)+2 = 4(x-5)+1}$

□ (18)　生徒の人数を求めなさい。この問題は，計算の途中の式と答えを書きなさい。

 《1次方程式の利用》 ────────────── ◖◗◖◗

$$3(x-2)+2 = 4(x-5)+1$$

かっこをはずし，整理すると，

$$3x-4 = \boxed{4x-19}$$

-4，$4x$ を移項すると，

$$3x - 4x = -19 + \boxed{4}$$
$$-x = \boxed{-15}$$
$$x = \boxed{15}$$

> 生徒の数は，
> $4(x-5)+1$ に代入して
> 求めることもできます。

したがって，パソコンの数は $\boxed{15}$ 台です。

生徒の数は，$3(x-2)+2 = 3x-4$（人）ですから，

$$3x - 4 = 3 \times \boxed{15} - 4 = \boxed{41}$$

答　$\boxed{41}$ 人

9 右の表は，あるクラスの数学のテストの結果をまとめたものです。次の問いに，単位をつけて答えなさい。　　（統計技能）

□（19）　60点未満の生徒の割合は何%ですか。

点数	人数
$0 \sim 49$	5
$50 \sim 59$	10
$60 \sim 69$	14
$70 \sim 79$	6
$80 \sim 89$	3
$90 \sim 100$	2
計	40

**解説
解答**《資料の整理》————————————

60点未満の生徒の人数は，$\boxed{5} + \boxed{10} = \boxed{15}$ 人なので，

クラス全体の 40 人に対する割合は，

$$\boxed{15} \div 40 \times 100 = \boxed{37.5}（\%）$$

答　$\boxed{37.5\%}$

□（20）　60点未満の生徒は80点以上の生徒の何倍になりますか。

**解説
解答**《資料の整理》————————————

60点未満の生徒の人数は，$\boxed{5} + \boxed{10} = \boxed{15}$ 人

80点以上の生徒の人数は，$\boxed{3} + \boxed{2} = \boxed{5}$ 人

したがって，$\boxed{15} \div \boxed{5} = \boxed{3}$

答　$\boxed{3}$ 倍

第5回 1次 計算技能

1 次の計算をしなさい。

□ (1) 550×0.2

解説・解答 《(整数)×(小数)の計算》 ─────────────
　　　　　筆算で計算します。

$$
\begin{array}{r}
5\ 5\ 0 \quad \leftarrow 小数部分\ 0\ けた \\
\times \quad 0.2 \quad \leftarrow 小数部分\ 1\ けた \\
\hline
1\ 1\ 0.0 \quad \leftarrow 小数部分\ 1\ けた
\end{array}
$$

$550 \times 0.2 = \boxed{110}$ ……答

□ (2) 1.75×2.5

解説・解答 《(小数)×(小数)の計算》 ─────────────
　　　　　筆算で計算します。

$$
\begin{array}{r}
1.7\ 5 \quad \leftarrow 小数部分\ 2\ けた \\
\times \quad 2.5 \quad \leftarrow 小数部分\ 1\ けた \\
\hline
8\ 7\ 5 \\
3\ 5\ 0 \quad \\
\hline
4.3\ 7\ 5 \quad \leftarrow 小数部分\ 3\ けた
\end{array}
$$

$1.75 \times 2.5 = \boxed{4.375}$ ……答

> ✏️ **重要**　**小数のかけ算の筆算のしかた**
> ① 小数がないものとして，整数のかけ算と同じよう
> 　 に計算します。
> ② 積の小数点は，積の小数部分のけた数が，かけら
> 　 れる数とかける数の小数部分のけた数の和になるよ
> 　 うにうちます。

□ (3)　0.35 ÷ 0.05

 《(小数)÷(小数)の計算》─────────────────── ◻◻◻◻

筆算で計算します。

```
          7      ←③わられる数の小数点の位置に合わせます。
0.05)0.35       ←①わる数が整数になるように，小数点を右
      35            に移します。
       0          ②わられる数の小数点も同じけただけ右に
                    移します。
```

$0.35 ÷ 0.05 = \boxed{7}$ …… 答

> ✎ **小数のわり算の筆算のしかた**
> **重要**
> ① わる数が整数になるように，小数点を右に移します。
> ② わられる数の小数点も，①で移した分だけ右に移します。
> ③ 商の小数点の位置は，わられる数の移した小数点にそろえます。

□ (4)　$\dfrac{5}{3} + 1\dfrac{1}{4}$

 《(分数)＋(分数)の計算》─────────────────── ◻◻◻◻

$$\dfrac{5}{3} + 1\dfrac{1}{4}$$

帯分数を仮分数になおします。

$$= \dfrac{5}{3} + \dfrac{\boxed{5}}{4}$$

3と4の最小公倍数 12 を共通な分母にして通分します。

$$= \dfrac{\boxed{20}}{12} + \dfrac{\boxed{15}}{12}$$

$$= \dfrac{\boxed{35}}{12} \left(\boxed{2\dfrac{11}{12}} \right)$$ …… 答

> 仮分数，帯分数のどちらで答えても正解です。

分数のたし算

分母のちがう分数のたし算は，通分して計算します。

例 $\dfrac{3}{4}+\dfrac{1}{6}=\dfrac{9}{12}+\dfrac{2}{12}=\dfrac{11}{12}$

4と6の最小公倍数12を共通な分母にして通分します。

□ (5) $2\dfrac{1}{6}-\dfrac{4}{3}$

 《（分数）－（分数）の計算》 ───────────

$2\dfrac{1}{6}-\dfrac{4}{3}$

帯分数を仮分数になおして通分します。

$=\dfrac{\boxed{13}}{6}-\dfrac{\boxed{8}}{6}$

$=\dfrac{\boxed{5}}{6}$ ……答

 分数のひき算

分母のちがう分数のひき算は，通分して計算します。

例 $\dfrac{3}{4}-\dfrac{1}{3}=\dfrac{9}{12}-\dfrac{4}{12}=\dfrac{5}{12}$

4と3の最小公倍数12を共通な分母にして通分します。

□ (6) $5\dfrac{1}{4}-3\dfrac{1}{2}-1\dfrac{1}{6}$

 《（分数）の計算》 ───────────

$5\dfrac{1}{4}-3\dfrac{1}{2}-1\dfrac{1}{6}$

帯分数を仮分数になおします。

$=\dfrac{\boxed{21}}{4}-\dfrac{\boxed{7}}{2}-\dfrac{\boxed{7}}{6}$

$$= \boxed{\frac{63}{12}} - \boxed{\frac{42}{12}} - \boxed{\frac{14}{12}} \quad \cdots\cdots 通分します。$$

$$= \boxed{\frac{7}{12}} \quad \cdots\cdots 答$$

□ (7) $\dfrac{7}{5} \times 40$

 《(分数)×(整数)の計算》 ━━━━━━━━━━━━━━

$$\dfrac{7}{5} \times 40$$

$$= \dfrac{7 \times \overset{\boxed{8}}{40}}{\underset{\boxed{1}}{5}} = \boxed{56} \quad \cdots\cdots 答$$

 分数×整数の計算

　分数に整数をかける計算では，分母はそのままにして，分子に整数をかけます。

$$\dfrac{b}{a} \times c = \dfrac{b \times c}{a}$$

□ (8) $4\dfrac{4}{7} \times 3\dfrac{3}{8}$

 《(分数)×(分数)の計算》 ━━━━━━━━━━━━━━

$$4\dfrac{4}{7} \times 3\dfrac{3}{8}$$

帯分数は仮分数になおします。

$$= \dfrac{32}{7} \times \dfrac{27}{8}$$

分母どうし，分子どうしをかけます。

$$= \dfrac{\overset{\boxed{4}}{32} \times 27}{7 \times \underset{\boxed{1}}{8}}$$

←約分します。

$$= \boxed{\dfrac{108}{7}} \quad \left(\boxed{15\dfrac{3}{7}}\right) \quad \cdots\cdots 答$$

途中で約分できるときは，約分します。

分数×分数の計算

重要

　分数に分数をかける計算では，分母どうし，分子どうしをかけます。

$$\frac{b}{a} \times \frac{d}{c} = \frac{b \times d}{a \times c}$$

□ (9)　$15 \div 2\frac{1}{6}$

 《(整数)÷(分数)の計算》 ————————————————

解説
解答

$15 \div 2\frac{1}{6}$

　　　　　　　　　　　｝帯分数は仮分数になおします。

$= 15 \div \frac{13}{6}$

　　　　　　　　　　　｝わる数の逆数をかけます。

$= 15 \times \frac{6}{13}$

$= \boxed{\dfrac{90}{13}}$　$\left(\boxed{6\dfrac{12}{13}}\right)$　……**答**

 逆数

重要

　2つの数の積が1になるとき，一方の数を他方の数の逆数といいます。

　分数の逆数は，分母と分子を入れかえた数になります。

例　$\dfrac{1}{2}$の逆数は，$\dfrac{2}{1} = 2$

　　　0.1の逆数は，$0.1 = \dfrac{1}{10}$　→　10

分数÷分数の計算

　分数を分数でわる計算では，わる数の逆数をかけます。

$$\frac{b}{a} \div \frac{d}{c} = \frac{b}{a} \times \frac{c}{d}$$

(10) $3.2 \div \dfrac{1}{40}$

**解説
解答** 《(小数)÷(分数)の計算》 ————————————— 📖📖

$$3.2 \div \frac{1}{40}$$

小数を分母が 10 の分数になおします。

$$= \boxed{\frac{32}{10}} \div \frac{1}{40}$$

わる数の逆数をかけます。

$$= \boxed{\frac{32}{10}} \times \boxed{40}$$

$$= \frac{32 \times \overset{4}{\boxed{40}}}{\underset{1}{\boxed{10}}} \quad \leftarrow 約分します。$$

$$= \boxed{128} \quad \cdots\cdots 答$$

(11) $0.1 \times 3\dfrac{1}{8} \div 6\dfrac{1}{2}$

**解説
解答** 《小数と分数のまじった四則計算》 ————————— 📖📖

$$0.1 \times 3\frac{1}{8} \div 6\frac{1}{2}$$

小数を分母が 10 の分数になおします。

$$= \frac{1}{10} \times \boxed{\frac{25}{8}} \div \boxed{\frac{13}{2}}$$

わる数の逆数をかけます。

$$= \frac{1}{10} \times \boxed{\frac{25}{8}} \times \boxed{\frac{2}{13}}$$

$$= \frac{1 \times \overset{5}{\boxed{25}} \times \overset{1}{\boxed{2}}}{\underset{2}{10} \times \underset{4}{8} \times 13} \quad \leftarrow 約分します。$$

$$= \boxed{\frac{5}{104}} \quad \cdots\cdots 答$$

小数を分数になお
すと，簡単に計算
できますね。

(12) $\dfrac{1}{7} \times \dfrac{14}{5} + \dfrac{1}{4} \div \dfrac{4}{7}$

 《分数の四則計算》 ────────────────

$$\dfrac{1}{7} \times \dfrac{14}{5} + \dfrac{1}{4} \div \dfrac{4}{7}$$

わる数の逆数をかけます。

乗除を先に計算します。

$$= \dfrac{1}{7} \times \dfrac{14}{5} + \dfrac{1}{4} \times \boxed{\dfrac{7}{4}}$$

かけ算を計算します。

$$= \boxed{\dfrac{2}{5}} + \boxed{\dfrac{7}{16}}$$

通分します。

$$= \boxed{\dfrac{32}{80}} + \boxed{\dfrac{35}{80}}$$

$$= \boxed{\dfrac{67}{80}} \quad \cdots\cdots 答$$

重要

小数や分数をふくむ計算

　小数や分数をふくむ計算では，小数を分数になおして計算します（ただし，分数を小数になおして計算したほうが簡単な場合もあります）。

分数のかけ算とわり算のまじった計算

　分数のかけ算とわり算のまじった計算では，逆数を使って，かけ算だけの式になおして計算します。

$$\dfrac{b}{a} \times \dfrac{d}{c} \div \dfrac{f}{e} = \dfrac{b}{a} \times \dfrac{d}{c} \times \dfrac{e}{f}$$

---

2 次の（ ）の中の数の最大公約数を求めなさい。

 (13) （42, 108）

 《最大公約数》 ────────────────

```
  2) 42  108  ……公約数 2 でわります。
  3) 21   54  ……公約数 3 でわります。
      7   18  ……公約数は 1 以外にありません。
```

最大公約数は $\boxed{2} \times \boxed{3} = \boxed{6}$

答 $\boxed{6}$

３つ以上の整数の最大公約数も同じようにして求めることができます。

□ (14) （40, 48, 64）

 《最大公約数》 ──────────────────────

```
  2) 40  48  64  ……公約数2でわります。
  2) 20  24  32  ……公約数2でわります。
  2) 10  12  16  ……公約数2でわります。
      5   6   8  ……公約数は1以外にありません。
```

最大公約数は $\boxed{2} \times \boxed{2} \times \boxed{2} = \boxed{8}$ 答 $\boxed{8}$

 最大公約数の求め方

例 12 と 16 の最大公約数の求め方

```
  2) 12  16  ……公約数2でわります。
  2)  6   8  ……公約数2でわります。
      3   4  ……公約数は1以外にありません。
```

最大公約数は，$2 \times 2 = 4$

---

3 次の（ ）の中の最小公倍数を求めなさい。

□ (15) （14, 20）

 《最小公倍数》 ──────────────────────

```
  2) 14  20  ……公約数2でわります。
      7  10
```

したがって，最小公倍数は $\boxed{2} \times \boxed{7} \times \boxed{10} = \boxed{140}$

答 $\boxed{140}$

1次

第5回 解説・解答

問題 ◀ p.56 ～ p.57   181

（16） （10, 12, 15）

《最小公倍数》

$$\begin{array}{r|ccc} 2 & 10 & 12 & 15 \\ 5 & 5 & 6 & 15 \\ 3 & 1 & 6 & 3 \\ \hline & 1 & 2 & 1 \end{array}$$

……10 と 12 の公約数 2 でわります。
…… 5 と 15 の公約数 5 でわります。
…… 6 と 3 の公約数 3 でわります。

したがって，最小公倍数は $\boxed{2}×\boxed{5}×\boxed{3}×\boxed{1}×\boxed{2}×\boxed{1}=\boxed{60}$

答 $\boxed{60}$

それぞれの倍数を書きだします。

10 の倍数……10, 20, 30, 40, 50, $\boxed{60}$, 70, …

12 の倍数……12, 24, 36, 48, $\boxed{60}$, …

15 の倍数……15, 30, 45, $\boxed{60}$, …

したがって，最小公倍数は $\boxed{60}$

答 $\boxed{60}$

4 次の比をもっとも簡単な整数の比にしなさい。

 （17） 13：65

《比を簡単にする》

$13：65$

$=（13 ÷ \boxed{13}）：（65 ÷ \boxed{13}）$ …13 と 65 の最大公約数でわります。

$=\boxed{1}：\boxed{5}$

答 $\boxed{1}：\boxed{5}$

分数の約分と同じように考えます。

□ (18) $\dfrac{5}{12} : \dfrac{1}{3}$

 《比を簡単にする》 ────────────

$$\dfrac{5}{12} : \dfrac{1}{3}$$

$$= \left(\dfrac{5}{12} \times \boxed{12} \right) : \left(\dfrac{1}{3} \times \boxed{12} \right)$$

12 倍して整数の比にします。

$$= \boxed{5} : \boxed{4}$$

答 $\boxed{5 : 4}$

第5回 解説・解答

 比の性質

$a{:}b$ の a, b に同じ数をかけたり，a, b を同じ数でわったりしてできる比は，すべて **等しい比** になります。

比を簡単にする

比を，それと等しい比で，できるだけ小さい整数の比で表すことを，比を簡単にするといいます。

---

5 次の式の□にあてはまる数を求めなさい。

□ (19) $3 : 4 = \square : 112$

 《比の性質》 ────────────

$$3 : 4 = \square : 112$$

$$\boxed{3} \times \boxed{112} = \boxed{4} \times \square$$

$$\square = \boxed{3} \times \boxed{112} \div \boxed{4} = \boxed{84}$$

答 $\boxed{84}$

□ (20) $\dfrac{2}{3} : \dfrac{1}{9} = \square : 7$

 《比の性質》 ─────────────── ●□□□

$\dfrac{2}{3} : \dfrac{1}{9} = \left(\dfrac{2}{3} \times \boxed{9}\right) : \left(\dfrac{1}{9} \times \boxed{9}\right) = 6 : 1$　ですから,

$6 : 1 = \square : 7$

ポイント
いちど整数の比で表わします。

$\boxed{6} \times \boxed{7} = \boxed{1} \times \square$

$\square = \boxed{6} \times \boxed{7} \div \boxed{1} = \boxed{42}$

答 $\boxed{42}$

6 次の計算をしなさい。

□ (21) $(-16)-(+46)$

 《正負の数の加法・減法》 ─────────────── ●□□□

$(-16)-(+46)$　　項を並べた式で表します。

$= -16 - \boxed{46}$

$= \boxed{-62}$ ……答

□ (22) $(-2)^4 \times 10 \div (-4)^2$

 《正負の数の乗法・除法》 ─────────────── ●●□□

$(-2)^4 \times 10 \div (-4)^2 = \boxed{16} \times 10 \div \boxed{16}$

$= \boxed{10}$ ……答

計算の順序

① かっこをふくむ式は,かっこの中を先に計算します。

② 累乗のある式は,累乗を先に計算します。

③ 乗法や除法は,加法や減法より先に計算します。

□ (23)　$-4x + 10 - (-5x + 15)$

 《1次式の加法・減法》

$-4x + 10 - (-5x + 15) = -4x + 10 + \boxed{5x} - \boxed{15}$

$= \boxed{x - 5}$　……答

✎ **1次式の加法・減法**
　　文字が同じ項どうし，数の項どうしを集めて，それぞれまとめます。

7　$x = -6$ のとき，次の式の値（あたい）を求めなさい。

□ (24)　$4x - 7$

 《式の値》

　　$4x - 7$ に，$x = -6$ を代入すると，

$4x - 7 = 4 \times (\boxed{-6}) - 7 = \boxed{-31}$　　　　　答　$\boxed{-31}$

□ (25)　$2x^2 - 8x$

 《式の値》

　　$2x^2 - 8x$ に，$x = -6$ を代入すると，

$2x^2 - 8x = 2 \times (\boxed{-6})^2 - 8 \times (\boxed{-6})$

$= \boxed{72} + 48$

$= \boxed{120}$　　　　　答　$\boxed{120}$

✎ **式の値**
　　文字式に数値を代入して計算した結果を**式の値**といいます。

8 次の方程式を解きなさい。

□ (26) $22x - 9 = 11x + 2$

解説・解答 《1次方程式》 ────────────────

$$22x - 9 = 11x + 2$$

-9, $\boxed{11x}$ を移項すると、 $22x - \boxed{11x} = 2 + \boxed{9}$

$$\boxed{11x} = \boxed{11}$$

$$x = \boxed{1}$$

答 $x = \boxed{1}$

□ (27) $\dfrac{x+2}{4} = \dfrac{x+10}{6}$

解説・解答 《1次方程式》 ────────────────

$$\frac{x+2}{4} = \frac{x+10}{6}$$

両辺を $\boxed{12}$ 倍すると、

$$\boxed{3}(x+2) = \boxed{2}(x+10)$$

$$\boxed{3x} + 6 = \boxed{2x} + \boxed{20}$$

6, $\boxed{2x}$ を移項すると、 $3x - \boxed{2x} = 20 - \boxed{6}$

$$x = \boxed{14}$$

答 $x = \boxed{14}$

両辺に分母の最小公倍数をかけて、x の係数を整数にします。

9 次の問いに答えなさい。

□(28) 底面の半径が $x$cm, 高さが $y$cm の円錐の体積を x, y を使って表しなさい。ただし円周率を π とします。

解説・解答 《円錐の体積》 ────────────────

円錐の体積 $= \dfrac{1}{3} \times \pi \times (半径)^2 \times 高さ$ で、半径が x cm, 高さが y cm ですから、

$$\boxed{\frac{1}{3}} \times \pi \times x^2 \times y = \boxed{\frac{1}{3}\pi x^2 y} \text{ cm}^3$$

答 $\boxed{\dfrac{1}{3}\pi x^2 y}$ cm^3

□ (29) y は x に比例し，$x = 4$ のとき $y = 3$ です。$x = 6$ のときの y の値を求めなさい。

 解説・解答

《比例》———————————————————— ◻◻◻◻

　y が x に比例するとき，$y = ax$（a は比例定数）と表すことができます。$x = 4$ のとき，$y = 3$ ですから，

$$3 = a \times 4$$

したがって，　$a = 3 \div 4 = \boxed{\dfrac{3}{4}}$

比例の式は，　$y = \boxed{\dfrac{3}{4}}x$

この式に $x = 6$ を代入すると，

$$y = \dfrac{3}{4} \times \dfrac{\boxed{3}}{\boxed{2}} 6 = \boxed{\dfrac{9}{2}}$$

　　　　　　　　　　　　答　$y = \boxed{\dfrac{9}{2}}$

□ (30) y は x に反比例し，$x = 4$ のとき $y = -3$ です。$y = 1$ のときの x の値を求めなさい。

 解説・解答

《反比例》———————————————————— ◻◻◻◻

　y が x に反比例するとき，$y = \dfrac{a}{x}$（a は比例定数）と表すことができます。$x = 4$ のとき，$y = -3$ ですから，

$$-3 = \dfrac{a}{4}$$

したがって，　　　　　　　$a = -3 \times 4 = \boxed{-12}$

反比例の式は，　　　　　　$y = \boxed{-\dfrac{12}{x}}$

この式に $y = 1$ を代入すると，

$$1 = \boxed{-\dfrac{12}{x}}$$

$$x = \boxed{-12}$$　　　　**答**　$x = \boxed{-12}$

第5回 2次 数理技能

1 　A さんは，兄と妹の 3 人で持っている鉛筆の本数を比べました。A さんは 15 本の鉛筆を持っています。このとき，次の問いに単位をつけて答えなさい。

□（1）　兄の持っている鉛筆は，A さんの持っている鉛筆の 1.6 倍です。兄の持っている鉛筆は何本ですか。

解説解答 《割合》 ────────────────────────

　　兄の持っている鉛筆の本数は，A さんの持っている鉛筆の本数 15 本の 1.6 倍ですから，

$$\underset{\text{(もとにする量)} \times \text{(割合)} = \text{(比べられる量)}}{15 \times \boxed{1.6} = \boxed{24} \text{（本）}}$$

答 $\boxed{24}$ 本

□（2）　A さんの持っている鉛筆は，妹の持っている鉛筆の 1.5 倍です。妹の持っている鉛筆は何本ですか。

解説解答 《割合》 ────────────────────────

　　（妹の持っている鉛筆の本数）× 1.5 = 15

　　したがって，

$$\underset{\text{(もとにする量)}}{\underline{\text{（妹の持っている鉛筆の本数）}}} = 15 \div \boxed{1.5} = \boxed{10} \text{（本）}$$
$$= \left(\begin{array}{c}\text{比べら}\\\text{れる量}\end{array}\right) \div \text{(割合)}$$

答 $\boxed{10}$ 本

> **割合**
> **重要**
> 　割合＝比べられる量÷もとにする量

2 右の図のように，OA を半径とする円の $\frac{1}{4}$ のおうぎ形 OAB が，OA を直径とする半円の円周部分で，P，Q の 2 つの部分に分けられています。OA = 6cm とするとき，次の問いに答えなさい。ただし，円周率を π とします。

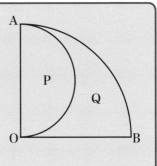

□（3）　P と Q の面積の比を求めなさい。

解説・解答　《おうぎ形の面積》

P は半径 3cm の半円（円の半分の図形）ですから，面積は，

$$\frac{1}{2} \times \pi \times \boxed{3}^2 = \boxed{\frac{9}{2}} \pi \ (\text{cm}^2)$$

Q の面積は，

$$\frac{1}{4} \times \pi \times \boxed{6}^2 - \boxed{\frac{9}{2}} \pi = 9\pi - \boxed{\frac{9}{2}} \pi$$

$$= \boxed{\frac{9}{2}} \pi$$

したがって，P と Q の面積の比は，

$$\boxed{\frac{9}{2}} \pi : \boxed{\frac{9}{2}} \pi = \boxed{1} : \boxed{1}$$

答 $\boxed{1:1}$

□（4）　OA を軸として 1 回転するとき，P，Q からできる立体の体積の比を求めなさい。

解説・解答　《球の体積》

P を回転してできる立体は，半径 3cm の球ですから，体積は，

$$\frac{4}{3} \pi \times \boxed{3}^3 = \boxed{36\pi} \ (\text{cm}^3)$$

おうぎ形 OAB が OA を軸として 1 回転するときにできる立体の体積は，半径 6cm の球の体積の $\frac{1}{2}$ ですから，

$$\frac{1}{2} \times \frac{4}{3} \pi \times \boxed{6}^3 = \boxed{144\pi} \ (\mathrm{cm}^3)$$

Q を回転してできる立体の体積は，

$$\boxed{144\pi} - \boxed{36\pi} = \boxed{108\pi}$$

したがって，P，Q をそれぞれ回転してできる 2 つの立体の体積の比は，　$\boxed{36\pi} : \boxed{108\pi} = \boxed{1} : \boxed{3}$

答　$\boxed{1 : 3}$

Q を回転してできる立体は，半径 6cm の球の半分から，P を回転してできる直径 6cm の球を除いた部分です。

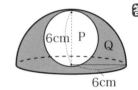

6cm　P
Q
6cm

重要

おうぎ形の面積

おうぎ形の面積 S は，半径を r，中心角を $a°$ とすると，

$$S = \pi r^2 \times \frac{a}{360}$$

球の体積

半径 r の球の体積 V は，　$V = \frac{4}{3} \pi r^3$

3　あるクラスで，クラス会をする費用として 1 人 700 円ずつ集めた場合，実際に必要な費用より 900 円多くなります。また，1 人 500 円ずつ集めた場合は 1500 円不足します。このとき，次の問いに答えなさい。

□（5）　クラスの人数を x 人として方程式をつくり，クラスの人数を求めなさい。

（表現技能）

《1次方程式》——————————————————— ●●●□

クラス会をするのに必要な費用を2通りの式で表して等式を
つくります。

$$700x - \boxed{900} = 500x + \boxed{1500}$$

必要な費用は，700x 円　　　必要な費用は，500x 円
より 900 円少ない。　　　　より 1500 円多い。

この方程式を解くと，

$$700x - 500x = 1500 + \boxed{900}$$
$$200x = \boxed{2400}$$
$$x = \boxed{12}$$

したがって，クラスの人数は $\boxed{12}$ 人です。

答　$\boxed{12}$ 人

─ **ワンポイント・アドバイス** ────────────

700 円ずつ集めた場合，必要な費用より 900 円多くなる。

　　→　必要な費用は，700x 円より 900 円少ない。

500 円ずつ集めた場合，必要な費用より 1500 円不足する。

　　→　必要な費用は，500x 円より 1500 円多い。

─────────────────────────────

□(6)　**過不足なく集めるには1人につき，何円集めればよいですか。**

《1次方程式》——————————————————— ●□□□

(5) より，必要な費用は，

$$700 \times \boxed{12} - 900 = \boxed{7500}\text{（円）}$$

クラスの人数は 12 人ですから，1 人分の金額は，

$$\boxed{7500} \div 12 = \boxed{625}\text{（円）}$$

答　$\boxed{625}$ 円

$500x + 1500$
の x に 12 を代入し
てもいいですね。

1次方程式の利用

① わかっている数量とわからない数量を明らかにして，求める数量を x で表します。

② 等しい関係のある数量を2つ見つけ，方程式をつくります。

③ 方程式を解きます。

④ 方程式の解が問題に適しているかどうかを確かめます（試験の解答を書くときは，省略することがあります）。

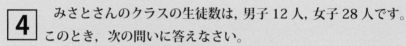

4 みさとさんのクラスの生徒数は，男子 12 人，女子 28 人です。このとき，次の問いに答えなさい。

☐ (7) 男子と女子の生徒数の比を最も簡単な整数の比で表しなさい。

 《比の問題》 ───────────────────────

男子と女子の生徒数の比は，男子の数：女子の数 ですから，

$$12 : 28 = \boxed{3 : 7}$$

答 $\boxed{3 : 7}$

☐ (8) みさとさんのクラスの全生徒数と女子の生徒数の比を最も簡単な整数の比で表しなさい。

 《比の問題》 ───────────────────────

全生徒数と女子の生徒数の比は，

$$(\boxed{12} + \boxed{28}) : 28 = \boxed{40} : 28$$
$$= \boxed{10 : 7}$$

答 $\boxed{10 : 7}$

比を簡単にする

重要

比を，それと等しい比で，できるだけ小さい整数の比で表すことを，**比を簡単にする**といいます。

例 男子 18 人と女子 15 人の人数の比を最も簡単な整数の比で表すと，

$$18 : 15 = (18 \div 3) : (15 \div 3) = 6 : 5$$

5 右の図のような正方形 ABCD の辺 BC 上を，点 P が点 B を出発して，点 C まで秒速 4cm で進みます。点 P が点 B を出発してから x 秒後の △ABP の面積を $y$cm^2 として，次の問いに答えなさい。

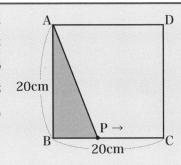

□（9）　x の変域を不等号を用いて表しなさい。

解説・解答

《変域》——————————————————————

点 P は，点 B から秒速 4cm で点 C まで 20cm 進むから，点 C に着くのは，

$$\boxed{20} \div \boxed{4} = \boxed{5}$$

より，$\boxed{5}$ 秒後です。

したがって，x の変域は，$\boxed{0} \leqq x \leqq \boxed{5}$

答 $\boxed{0 \leqq x \leqq 5}$

□（10）　x と y の関係を式で表しなさい。

《比例の式》 ───────────────────────────

$\triangle$ ABP $= \dfrac{1}{2} \times$ BP $\times$ AB で，BP $= \boxed{4x}$ cm，AB $= \boxed{20}$ cm ですから，

$$y = \dfrac{1}{2} \times \boxed{4x} \times \boxed{20}$$

より，

$$y = \boxed{40x}$$

答 $\boxed{y = 40x}$

□（11）y の変域を不等号を用いて表しなさい。

 《変域》 ───────────────────────────

$x = 0$ のとき $y = 0$，$x = 5$ のとき $y = 40 \times \boxed{5} = \boxed{200}$ ですから，$0 \leqq y \leqq \boxed{200}$

答 $\boxed{0 \leqq y \leqq 200}$

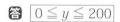 変域

　変数のとる値の範囲を，その変数の**変域**といいます。

　変域は，不等号や数直線を使って表します。

6 　右の図は，$\angle$ ACB $= 60°$，BC $= 6$cm の $\triangle$ ABC を，点 C を中心に A が BC の延長上にくるまで時計回りに回転させたものです。

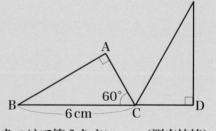

このとき，次の問いに単位をつけて答えなさい。　　　（測定技能）

□（12）$\angle$ ACE の大きさを求めなさい。

《平面図形と角》 ────────────────────

$$\angle\, DCE = \angle\, ACB = \boxed{60°}$$

$$\angle\, ACE = \angle\,\boxed{BCD} - (\angle\, ACB + \angle\, ECD)$$

$$= \boxed{180°} - (\boxed{60°} + \boxed{60°})$$

$$= \boxed{60°}$$

答 $\boxed{60°}$

☐ **(13)　頂点 B の描いた曲線の長さを求めなさい。**

《おうぎ形の弧の長さ》────────────────

$$\angle\, BCE = \angle\, ACB + \angle\, ACE$$

$$= \boxed{60°} + \boxed{60°} = \boxed{120°}$$

　頂点 B の描いた曲線は，点 C を中心とする中心角が 120°，半径 6cm のおうぎ形の弧です。

　したがって，

$$2\pi \times \boxed{6} \times \frac{\boxed{120}}{360} = \boxed{4\pi}\ (\text{cm})$$

答 $\boxed{4\pi\ \text{cm}}$

> ✎ **おうぎ形の弧の長さ**
> 重要
> 　おうぎ形の弧の長さ ℓ は，半径を r，中心角を $a°$ とすると，　　　　$\ell = 2\pi r \times \dfrac{a}{360}$

7 下の表は，A，B，C，D の 4 人があるゲームをしたときの得点を 20 点を仮の平均として，これより得点が高いときはその差を正の数で，得点が低いときはその差を負の数で表しています。このとき，次の問いに答えなさい。 （整理技能）

	A	B	C	D
仮の平均との差（点）	＋ 4	－ 1	＋ 1	－ 2

□ (14) B の得点は何点ですか。

解説・解答 《仮の平均》

B の得点は，仮の平均より 1 点低いから，

仮の平均＋（ － 1 ）＝ 20 － 1 ＝ 19

答 19 点

□ (15) A の得点は B の得点より何点多いですか。

解説・解答 《仮の平均》

A の仮の平均との差－B の仮の平均との差＝（＋ 4）－（ － 1 ）

＝ 5

答 5 点

□ (16) 4 人の平均の得点は何点ですか。この問題は途中の式と答えを書きなさい。

解説・解答 《仮の平均》

（＋ 4）＋（ － 1 ）＋（ ＋ 1 ）＋（－ 2）＝＋ 2

（ ＋ 2 ）÷ 4 ＝＋ 0.5

平均は，仮の平均より ＋ 0.5 点高いから，

20 ＋（ ＋ 0.5 ）＝ 20.5

 ポイント
「仮の平均との差」の平均を求めます。

答 20.5 点

重要 仮の平均を利用する平均の求め方

平均を求めるとき，次の例のように仮の平均を決め
て計算する方法があります。

例 6人の身長 (cm) の平均

身長 (cm)	167	165	172	170	169	174
仮の平均との差 (cm)	−3	−5	+2	0	−1	+4

上の表のように，仮の平均を 170cm とします。

$\{(-3)+(-5)+(+2)+0+(-1)+(+4)\}$
$\div 6 = -0.5$

したがって平均は，$170+(-0.5) = 169.5$ (cm)

8 　右の図は，ある年のみか
んの収穫量のグラフです。
次の問いに単位をつけて答
えなさい。　　（統計技能）

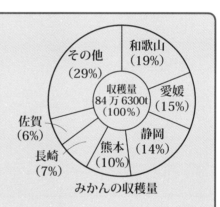

みかんの収穫量

☐ (17)　右のグラフで，愛媛県
の部分のおうぎ形の中心角
は何度ですか。

《円グラフ》

円の中心角は $360°$ で，愛媛県は 15% ですから，

$$360 \times \boxed{\frac{15}{100}} = \boxed{54}$$

より，$\boxed{54}°$ となります。

答 　$\boxed{54 \text{度}}$ （$\boxed{54°}$）

☐ (18)　長崎県と佐賀県の生産量の合計は何 t ですか。

《円グラフ》 ———————————————————

長崎県は 7 %，佐賀県は 6 %で，2 県の合計は 13 %です。
したがって，

$$846300 \times \boxed{\frac{13}{100}} = \boxed{110019}$$

答 $\boxed{110019\,\text{t}}$（$\boxed{11\,万\,19\,\text{t}}$）

✏️ **重要**
円グラフ
　円グラフや帯グラフは，全体に対する部分の割合を
みるときや部分どうしの割合を比べるときに便利です。

9 　右の図について，次の問いに答
えなさい。

□（19）　右の図は線対称な図形です。
　　対称の軸は何本ありますか。

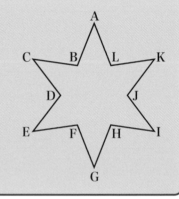

 《線対称な図形》———————————————————

　　対称の軸をかくと，右の図
のように $\boxed{6}$ 本あることがわか
ります。

答 $\boxed{6}$ 本

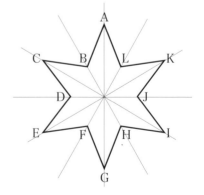

□（20）　直線 CI を対称の軸とするとき，点 G に対応する点を求めなさい。

 解説・解答

《線対称な図形の性質》

　点 G から対称の軸 CI に垂直な直線をひき，CI との交点を M とします。点 G に対応する点は，GM を 2 倍にのばした点で，点 K になります。

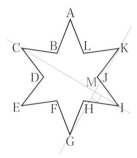

答　点 K

 重要

線対称な図形

　直線を折り目として折り返したとき，折り目の両側の部分がぴったり重なる図形を線対称な図形といいます。折り目の直線を対称の軸といいます。

線対称な図形の性質

　線対称な図形では，対応する 2 つの点を結ぶ直線と対称の軸は，垂直に交わります。また，この交わる点から対応する 2 つの点までの長さは等しくなっています。

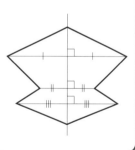

対称の軸を折り目として折り返したとき，ぴったり重なる点が対応する点です。

解答一覧

くわしい解説は，「解説・解答」をごらんください。

第1回　1次

1

(1) 105

(2) 6.21

(3) 0.35

(4) $\dfrac{11}{24}$

(5) $\dfrac{5}{6}$

(6) $\dfrac{11}{18}$

(7) $\dfrac{8}{17}$

(8) $\dfrac{8}{5}\left(1\dfrac{3}{5}\right)$

(9) 14

(10) $\dfrac{3}{2}\left(1\dfrac{1}{2}\right)$

(11) $\dfrac{5}{8}$

(12) $\dfrac{2}{3}$

2

(13) 27

(14) 24

3

(15) 36

(16) 50

4

(17) 1 : 4

(18) 1 : 12

5

(19) 69

(20) 182

6

(21) -11

(22) -12

(23) $-x+3$

7

(24) 10

(25) 36

8

(26) $x=-10$

(27) $x=15$

9

(28) xy cm^3

(29) $y=3x$

(30) $y=\dfrac{10}{3}$

第1回　2次

1

(1) $3(x+3)=2\left(\dfrac{5}{3}x-3\right)$

(2) （1）の方程式を解きます。

$$3x+9=\dfrac{10}{3}x-6$$

両辺を3倍すると，

$$9x+27=10x-18$$
$$x=45$$

A 地を希望する生徒の数は 45 人で，

B 地を希望する生徒の数は，

$$\dfrac{5}{3}x=\dfrac{5}{3}\times45=75$$

よって，この中学校の3年生の生徒数は，45 + 75 = 120

答 120 人

2

(3)　26.6 点　　(4)　$x = 33$

3

(5)　$y = \dfrac{4}{5}x$　　(6)　25 秒後

4

(7)　頂点 A　　(8)　4 cm

5

(9)　210 通り　　(10)　120 通り

6

(11)　$\dfrac{x}{40} + \dfrac{300 - x}{80} = 4\dfrac{30}{60}$

(12)　$x + 80\left(4\dfrac{30}{60} - \dfrac{x}{40}\right) = 300$

(13)　$x = 60$

7

(14)　-4　　(15)　-1

8

(16)　$1 : 2$　　(17)　$3 : 8$

9

(18)　北海道，鹿児島，宮崎，熊本，岩手

(19)　13.0 %　　(20)　2.5 倍

第2回　1次

1

(1)　161　　(2)　1.148

(3)　8.375　　(4)　$\dfrac{73}{66}\left(1\dfrac{7}{66}\right)$

(5)　$\dfrac{13}{20}$　　(6)　$\dfrac{1}{28}$

(7)　$\dfrac{72}{5}\left(14\dfrac{2}{5}\right)$

(8)　$\dfrac{32}{3}\left(10\dfrac{2}{3}\right)$　　(9)　24

(10)　$\dfrac{21}{10}\left(2\dfrac{1}{10}\right)$

(11)　$\dfrac{8}{3}\left(2\dfrac{2}{3}\right)$　　(12)　12

2

(13)　34　　(14)　6

3

(15)　48　　(16)　84

4

(17)　$3 : 5$　　(18)　$24 : 7$

5

(19)　36　　(20)　33

6

(21)　-9　　(22)　3

(23)　$9x - 3$

7

(24)　-5　　(25)　7

8

(26)　$x = 3$　　(27)　$x = 9$

9

(28)　$a = 6b + 2$

(29)　$y = 4x$　　(30)　$y = \dfrac{1}{6}$

1

(1)　4時間10分　(2)　分速75 m

2

(3)　$\dfrac{35}{8}$ cm $\left(4\dfrac{3}{8}$ cm$\right)$

(4)　9cm

3

(5)　円錐(えんすい)　　　(6)　6π cm

(7)　24π cm^2

4

(8)　$a = \dfrac{3}{4}$　　　(9)　3 cm^2

5

(10)　300 cm^2　　(11)　$y = 20x$

(12)　63 cm

6

(13)　38通り　　(14)　20通り

7

(15)　$\dfrac{3}{100}x + \dfrac{30}{100}(600 - x) = 72$

(16)　400 g

8

(17)　C社の販売台数は,

$40000 \times \dfrac{20}{100} = 8000$（台）

S社の販売台数は,

$40000 \times \dfrac{18.9}{100} = 7560$（台）

よって, $8000 - 7560 = 440$（台）

　　　　　　　　　答　440台

(18)　0.61倍

9

(19)　4π cm　　(20)　8π cm

1

(1)　186.4　　(2)　1.032

(3)　40　　　(4)　$\dfrac{35}{16}\left(2\dfrac{3}{16}\right)$

(5)　$\dfrac{25}{42}$　　　(6)　$\dfrac{1}{20}$

(7)　6　　　(8)　$\dfrac{18}{13}\left(1\dfrac{5}{13}\right)$

(9)　44　　　(10)　$\dfrac{46}{33}\left(1\dfrac{13}{33}\right)$

(11)　$\dfrac{1}{20}$　　(12)　320

2

(13)　9　　　(14)　12

3

(15)　54　　　(16)　60

4

(17)　3：11　　(18)　100：3

5

(19)　77　　　(20)　17

6

(21)　11

(22)　$-\dfrac{7}{4}\left(-1\dfrac{3}{4}\right)$

(23)　$5x - 3$

7
(24)　-42　　(25)　-176

8
(26)　$x=-6$　(27)　$x=-12$

9
(28)　$\dfrac{a-b}{3}$ 人　(29)　$y=\dfrac{1}{8}x$

(30)　$y=\dfrac{9}{5}$

第3回　2次

1
(1)　$51\pi\ \mathrm{cm}^3$
(2)　$288-16\pi\ \mathrm{cm}^3$

2
(3)　(エ), (キ)
(4)　(イ), (ウ), (オ), (カ)

3
(5)　$100\leqq x\leqq 10000$
(6)　$y=3x$　(7)　800 g

4
(8)　60 通り　(9)　12 通り

5
(10)　$750+210x=1500+60x$

(11)　10 分後

6
(12)　$\dfrac{5}{3}$　　　(13)　$y=-\dfrac{10}{x}$

7
(14)　$b=100-a$
(15)　$y=ax+b$

8
(16)　$340\ \mathrm{cm}^2$
(17)　$96\pi\ \mathrm{cm}^2$

9
(18)　7 個　　(19)　12 個
(20)　6 個

第4回　1次

1
(1)　67.2　　(2)　2.79
(3)　300　　(4)　$\dfrac{39}{28}\left(1\dfrac{11}{28}\right)$
(5)　$\dfrac{1}{16}$　　(6)　$\dfrac{59}{44}\left(1\dfrac{15}{44}\right)$
(7)　$\dfrac{45}{4}\left(11\dfrac{1}{4}\right)$
(8)　$\dfrac{28}{45}$　　(9)　153

(10)　$\dfrac{8}{7}\left(1\dfrac{1}{7}\right)$
(11)　$\dfrac{15}{16}$　　(12)　84

2
(13)　12　　(14)　25

3
(15)　45　　(16)　72

4
(17)　$9:13$　(18)　$9:10$

5

(19) 68   (20) 70

6

(21) − 18   (22) − 32

(23) $24x − 41$

7

(24) − 15   (25) 46

8

(26) $x = 5$ (27) $x = −4$

9

(28) $2xy + 2yz + 2zx$ (cm^2)

(29) $x = − 8$ (30) $y = − 1$

第4回　2次

1

(1) $16x + 6\left(1\dfrac{45}{60} − x\right) = 13$

(2) $x + \dfrac{13 − 16x}{6} = 1\dfrac{45}{60}$

(3) $x = \dfrac{1}{4}$

2

(4) 90°   (5) 6π cm^2

3

(6) 4500 円   (7) 3 倍

4

(8) $\left(5 , − \dfrac{2}{3}\right)$

(9) $m = \dfrac{1}{2}$ (10) $n = \dfrac{1}{2}$

5

(11) (ア), (エ), (オ)

(12) (ア), (ウ), (オ)

6

(13) 15   (14) $S = \dfrac{15}{8} a^2$

7

(15) 8 通り   (16) 12 通り

8

(17) $3(x − 2) + 2$
$= 4(x − 5) + 1$

(18) (17) の式のかっこをはずし、
整理すると、
$3x − 4 = 4x − 19$
$− 4$, $4x$ を移項すると、
$3x − 4x = − 19 + 4$
$x = 15$
パソコンの数は 15 台で、
生徒の数は、$3(x − 2) + 2$
$= 3x − 4$（人）ですから、
$3 × 15 − 4 = 41$　**答**　41 人

9

(19) 37.5 %   (20) 3 倍

第5回　1次

1

(1) 110   (2) 4.375

(3) 7   (4) $\dfrac{35}{12}\left(2\dfrac{11}{12}\right)$

(5) $\dfrac{5}{6}$ (6) $\dfrac{7}{12}$

(7) 56   (8) $\dfrac{108}{7}\left(15\dfrac{3}{7}\right)$

(9) $\dfrac{90}{13}\left(6\dfrac{12}{13}\right)$ (10) 128

(11) $\dfrac{5}{104}$ (12) $\dfrac{67}{80}$

2

(13) 6   (14) 8

3

(15) 140   (16) 60

4

(17) 1：5   (18) 5：4

5

(19) 84   (20) 42

6

(21) -62 (22) 10

(23) $x-5$

7

(24) -31 (25) 120

8

(26) $x=1$ (27) $x=14$

9

(28) $\dfrac{1}{3}\pi x^2 y$ cm^3

(29) $y=\dfrac{9}{2}$ (30) $x=-12$

第5回　2次

1

(1) 24 本   (2) 10 本

2

(3) 1：1   (4) 1：3

3

(5) 12 人   (6) 625 円

4

(7) 3：7   (8) 10：7

5

(9) $0 \leqq x \leqq 5$

(10) $y=40x$ (11) $0 \leqq y \leqq 200$

6

(12) 60°   (13) 4π cm

7

(14) 19 点   (15) 5 点

(16) $(+4)+(-1)+(+1)+(-2)$
   $=+2$

    $(+2)\div 4 =+0.5$

平均は，仮の平均より$+0.5$点高

いから，$20+(+0.5)=20.5$

          答 20.5 点

8

(17) 54 度（54°）

(18) 110019 t（11 万 19 t）

9

(19) 6 本   (20) 点 K

第1回 1次 計算技能

解答用紙　　解説・解答▶ p.66 ～ p.80　　解答一覧▶ p.200

1	(1)			(16)	
	(2)		**4**	(17)	:
	(3)			(18)	:
	(4)		**5**	(19)	
	(5)			(20)	
	(6)		**6**	(21)	
	(7)			(22)	
	(8)			(23)	
	(9)		**7**	(24)	
	(10)			(25)	
	(11)		**8**	(26)	$x =$
	(12)			(27)	$x =$
2	(13)		**9**	(28)	cm^3
	(14)			(29)	
3	(15)			(30)	$y =$

＊本書では，1次の合格基準を 21 問（70％）以上としています。

拡大コピーしてご利用ください。解答欄に書ききれない場合は別紙に書いてください。

第1回 2次 数理技能

標準
解答時間
60分

解答用紙　　解説・解答▶ p.81 〜 p.95　解答一覧▶ p.200

1	(1)			(8)	cm
			5	(9)	通り
				(10)	通り
	(2)		6	(11)	
				(12)	
				(13)	$x =$
			7	(14)	
				(15)	
		（答え）　　　人	8	(16)	：
2	(3)	点		(17)	：
	(4)	$x =$	9		
3	(5)	$y =$		(18)	
	(6)	秒後		(19)	％
4	(7)	頂点		(20)	倍

＊本書では，2次の合格基準を12問（60％）以上としています。

標準
解答時間
50分

解答用紙　　解説・解答▶ p.96 ～ p.109　解答一覧▶ p.201

1	(1)			(16)	
	(2)		**4**	(17)	：
	(3)			(18)	：
	(4)		**5**	(19)	
	(5)			(20)	
	(6)		**6**	(21)	
	(7)			(22)	
	(8)			(23)	
	(9)		**7**	(24)	
	(10)			(25)	
	(11)		**8**	(26)	$x =$
	(12)			(27)	$x =$
2	(13)		**9**	(28)	
	(14)			(29)	$y =$
3	(15)			(30)	$y =$

＊本書では，1次の合格基準を 21 問（70%）以上としています。

拡大コピーしてご利用ください。解答欄に書ききれない場合は別紙に書いてください。

第 2 回 2次 数理技能

標準
解答時間
60分

解答用紙 　　解説・解答 ▶ p.110 〜 p.122　　解答一覧 ▶ p.202

1	(1)	時間　　　　　分
	(2)	分速　　　　　　m
2	(3)	単　位 （　　　）
	(4)	単　位 （　　　）
3	(5)	
	(6)	単　位 （　　　）
	(7)	単　位 （　　　）
4	(8)	$a =$
	(9)	cm^2
5	(10)	単　位 （　　　）
	(11)	
	(12)	単　位 （　　　）

6	(13)	通り
	(14)	通り
7	(15)	
	(16)	単　位 （　　　）
8	(17)	
		（答え）　　　台
	(18)	倍
9	(19)	単　位 （　　　）
	(20)	単　位 （　　　）

＊本書では，2次の合格基準を 12 問（60%）以上としています。

拡大コピーしてご利用ください。解答欄に書ききれない場合は別紙に書いてください。

標準
解答時間
50分

解答用紙　　　解説・解答▶ p.123 ～ p.136　解答一覧▶ p.202

1	(1)			(16)	
	(2)		**4**	(17)	：
	(3)			(18)	：
	(4)		**5**	(19)	
	(5)			(20)	
	(6)		**6**	(21)	
	(7)			(22)	
	(8)			(23)	
	(9)		**7**	(24)	
	(10)			(25)	
	(11)		**8**	(26)	$x =$
	(12)			(27)	$x =$
2	(13)		**9**	(28)	人
	(14)			(29)	
3	(15)			(30)	$y =$

＊本書では，1次の合格基準を 21 問（70%）以上としています。

拡大コピーしてご利用ください。解答欄に書ききれない場合は別紙に書いてください。

第3回 2次 数理技能

標準
解答時間
60分

解答用紙　　解説・解答▶ p.137 〜 p.147　　解答一覧▶ p.203

1	(1)	単 位 （　　　）		(11)	分後
	(2)	単 位 （　　　）	**6**	(12)	
2	(3)			(13)	
	(4)		**7**	(14)	
3	(5)			(15)	
	(6)	$y =$	**8**	(16)	単 位 （　　　）
	(7)	g		(17)	単 位 （　　　）
4	(8)	通 り	**9**	(18)	個
	(9)	通 り		(19)	個
5	(10)			(20)	個

＊本書では，2次の合格基準を12問（60%）以上としています。

解答用紙　　解説・解答 ▶ p.148 ～ p.161　解答一覧 ▶ p.203

1	(1)			(16)	
	(2)		**4**	(17)	：
	(3)			(18)	：
	(4)		**5**	(19)	
	(5)			(20)	
	(6)		**6**	(21)	
	(7)			(22)	
	(8)			(23)	
	(9)		**7**	(24)	
	(10)			(25)	
	(11)		**8**	(26)	$x =$
	(12)			(27)	$x =$
2	(13)		**9**	(28)	(cm^2)
	(14)			(29)	$x =$
3	(15)			(30)	$y =$

＊本書では，1次の合格基準を 21 問（70%）以上としています。

拡大コピーしてご利用ください。解答欄に書ききれない場合は別紙に書いてください。

第4回 2次 数理技能

標準
解答時間
60分

解答用紙　　　解説・解答▶ p.162 ～ p.173　　解答一覧▶ p.204

1					**7**	(14)	$S =$
	(1)					(15)	通り
	(2)					(16)	通り
	(3)	$x =$			**8**	(17)	
2	(4)	単位 （　　）				(18)	
	(5)	単位 （　　）					
3	(6)	単位 （　　）					
	(7)	倍					
4	(8)	B（　　，　　）					
	(9)	$m =$					
	(10)	$n =$					
5	(11)						（答え）　　　人
	(12)			**9**	(19)	単位 （　　）
6	(13)				(20)	単位 （　　）

＊本書では，2次の合格基準を 12 問（60％）以上としています。

拡大コピーしてご利用ください。解答欄に書ききれない場合は別紙に書いてください。

解答用紙　　　解説・解答▶ p.174〜p.187　　解答一覧▶ p.204

1	(1)			(16)	
	(2)		**4**	(17)	：
	(3)			(18)	：
	(4)		**5**	(19)	
	(5)			(20)	
	(6)		**6**	(21)	
	(7)			(22)	
	(8)			(23)	
	(9)		**7**	(24)	
	(10)			(25)	
	(11)		**8**	(26)	$x =$
	(12)			(27)	$x =$
2	(13)		**9**	(28)	cm^3
	(14)			(29)	$y =$
3	(15)			(30)	$x =$

＊本書では，1次の合格基準を 21 問（70%）以上としています。

拡大コピーしてご利用ください。解答欄に書ききれない場合は別紙に書いてください。

第5回 2次 数理技能

解答用紙 　　解説・解答 ▶ p.188 〜 p.199　解答一覧 ▶ p.205

1	(1)	本	**7**	(14)	点
	(2)	本		(15)	点
2	(3)	：		(16)	
	(4)	：			
3	(5)	人			
	(6)	円			
4	(7)	：			
	(8)	：			
5	(9)				
	(10)				(答え) 点
	(11)		**8**	(17)	単 位 ( )
6	(12)	単 位 ( )		(18)	単 位 ( )
	(13)	単 位 ( )	**9**	(19)	本
				(20)	点

＊本書では，2次の合格基準を 12 問（60％）以上としています。

本書に関する正誤等の最新情報は，下記のアドレスでご確認ください。
http://www.s-henshu.info/sk5hs2209/

　上記アドレスに掲載されていない箇所で，正誤についてお気づきの場合は，書名・発行日・質問事項（ページ・問題番号）・氏名・郵便番号・住所・FAX 番号を明記の上，**郵送または FAX でお問い合わせください。**
※電話でのお問い合わせはお受けできません。

【宛先】　コンデックス情報研究所「**本試験型 数学検定 5 級 試験問題集**」係
　　　　　住所　〒 359-0042　埼玉県所沢市並木 3-1-9
　　　　　FAX 番号　04-2995-4362（10：00 ～ 17：00 土日祝日を除く）

※本書の正誤に関するご質問以外はお受けできません。また受検指導などは行っておりません。
※ご質問の到着確認後 10 日前後に，回答を普通郵便または FAX で発送いたします。
※ご質問の受付期限は，試験日の 10 日前必着といたします。ご了承ください。

監修：小宮山 敏正（こみやま としまさ）
東京理科大学理学部応用数学科卒業後，私立明星高等学校数学科教諭として勤務。

編著：コンデックス情報研究所
1990 年 6 月設立。法律・福祉・技術・教育分野において，書籍の企画・執筆・編集，大学および通信教育機関との共同教材開発を行っている研究者，実務家，編集者のグループ。

イラスト：ひらのんさ

企画編集：成美堂出版編集部

本試験型 数学検定5級試験問題集

監　修　小宮山敏正

編　著　コンデックス情報研究所

発行者　深見公子

発行所　成美堂出版
　　　　〒162-8445　東京都新宿区新小川町 1 - 7
　　　　電話(03)5206-8151　FAX(03)5206-8159

印　刷　大盛印刷株式会社

©SEIBIDO SHUPPAN 2020　PRINTED IN JAPAN
ISBN978-4-415-23145-7
落丁・乱丁などの不良本はお取り替えします
定価はカバーに表示してあります